Anregungsgerechte Auslegung und Tolerierung schnelllaufender Getriebe unter Berücksichtigung kurz- und langwelliger Verzahnungsabweichungen

Excitation-Oriented Design and Tolerancing of High-Speed Gearboxes Considering Short and Long-Wave Tooth Deviations

Von der Fakultät für Maschinenwesen
der Rheinisch-Westfälischen Technischen Hochschule Aachen
zur Erlangung des akademischen Grades eines
Doktors der Ingenieurwissenschaften
genehmigte Dissertation

vorgelegt von

Mubarik Ahmad

Berichter/in:

Univ.-Prof. Dr.-Ing. Christian Brecher
Univ.-Prof. Dr.-Ing. Peter Werner Gold

Tag der mündlichen Prüfung: 22. September 2022

ERGEBNISSE AUS DER PRODUKTIONSTECHNIK

Mubarik Ahmad

Anregungsgerechte Auslegung und Tolerierung schnelllaufender Getriebe unter Berücksichtigung kurz- und langwelliger Verzahnungsabweichungen

Herausgeber:
Prof. Dr.-Ing. T. Bergs
Prof. Dr.-Ing. Dipl.-Wirt. Ing. G. Schuh
Prof. Dr.-Ing. C. Brecher
Prof. Dr.-Ing. R. H. Schmitt

Band 41/2022

WZL | RWTH AACHEN UNIVERSITY

Fraunhofer
IPT

Bibliografische Information der Deutschen Nationalbibliothek
Die Deutsche Nationalbibliothek verzeichnet diese Publikation in der Deutschen Nationalbibliografie; detaillierte bibliografische Daten sind im Internet über https://portal.dnb.de abrufbar.

Mubarik Ahmad:

Anregungsgerechte Auslegung und Tolerierung schnelllaufender Getriebe unter Berücksichtigung kurz- und langwelliger Verzahnungsabweichungen

1. Auflage, 2023

Gedruckt auf holz- und säurefreiem Papier, 100% chlorfrei gebleicht.

Apprimus Verlag, Aachen, 2023
Wissenschaftsverlag des Instituts für Industriekommunikation und Fachmedien an der RWTH Aachen
Steinbachstr. 25, 52074 Aachen
Internet: www.apprimus-verlag.de, E-Mail: info@apprimus-verlag.de

Druck: CPI Druckdienstleistungen GmbH, Ferdinand-Jühlke-Straße 7 I 99095 Erfurt

ISBN 978-3-98555-130-9

D 82 (Diss. RWTH Aachen University, 2022)

Danksagung

Diese Dissertation entstand während meiner Arbeit als wissenschaftlicher Mitarbeiter in der Forschungsgruppe Getriebetechnik am Lehrstuhl für Werkzeugmaschinen des Werkzeugmaschinenlabors (WZL) der RWTH Aachen.

Mein besonderer Dank gilt Prof. Dr.-Ing. Christian Brecher, dem Leiter des Lehrstuhls für Werkzeugmaschinen am WZL, für die Unterstützung, das kritische Hinterfragen der wesentlichen Inhalte sowie für seine fachliche Beratung beim Erstellen dieser Arbeit. Des Weiteren möchte ich mich bei Prof. Dr.-Ing. Peter Werner Gold, dem ehemaligen Leiter des Lehrstuhls für Maschinenelemente und Maschinengestaltung (IME, jetzt IMSE), für die Diskussionen und Hinweise zur vorliegenden Arbeit bedanken. Prof. Dr.-Ing. Kai-Uwe Schröder, dem Inhaber des Lehrstuhls für Strukturmechanik und Leichtbau, danke ich für den Bei- und Vorsitz des Prüfungskomitees bei der mündlichen Prüfung.

Die in dieser Arbeit vorgestellten Ergebnisse entstanden im Wesentlichen in den geförderten Forschungsvorhaben „FVA 692 II – Topologisches Schleifen“ und „FVA 127 XI – Fertigungs- und Montageeinfluss Einsatzverhalten“ (IGF 19698 N/1) sowie „Getriebekreis – Einsatzverhalten und Toleranzen im Hochdrehzahlbereich“. Für die finanzielle Unterstützung möchte ich mich bei der Forschungsvereinigung Antriebstechnik (FVA) und der Arbeitsgemeinschaft industrieller Forschungsvereinigungen „Otto von Guericke“ e.V. (AiF) bedanken. Weiterhin bedanke ich mich für die fachliche und finanzielle Förderung durch den WZL-Getriebekreis und dessen Mitgliedsfirmen.

Dr.-Ing. Christoph Löpenhaus und Dr.-Ing. Jens Brimmers danke ich für ihre herausragende fachliche Anleitung in allen wesentlichen Teilen der Getriebetechnik. Ein besonderer Dank gilt meinen ehemaligen Bürokollegen Dr.-Ing. Peter Geradts, Dr.-Ing. Jonas Pollaschek, Philipp Scholzen und Moritz Zalfen für die zahlreichen anregenden Diskussionen und Impulse sowie für das stets hervorragende Büroklima. Weiterhin möchte ich mich bei allen Kollegen der WZL Getriebeabteilung, insbesondere den Gruppen Getriebeuntersuchung und Getriebeakustik bedanken. Ohne den intensiven Austausch und das außergewöhnliche Kollegium wäre die Dissertation in dieser Form nicht entstanden. Hier danke ich im Speziellen Dr.-Ing. Daniel Piel, Dr.-Ing. Julia Mazak, Dr.-Ing. Marius Schroers, Marcel Kasten und Christian Westphal.

Für ihren Einsatz bei der Prüfkörperfertigung bedanke ich mich vor allem bei Ingmar und Lothar Emonts, Christian May, Timo Schönenberg, Jörg Mayer, Lucas Bülles und Thomas Tix. Egon „Ed“ Winkler, Andreas Schuhmacher und Jürgen Krause danke ich für die mechanische und Jonas Baumgarten, Rico Groß, Lucas Vonberg und Stefan Hentschel für die elektrische Betreuung der Prüfstandsaufbauten. Mein Dank gilt in hohem Maße Rainer Stephan, der mit seinen hervorragenden Arbeiten an der FE-Stirnradkette einen Grundstein für die rechnerischen Untersuchungen in dieser Arbeit gelegt hat.

Weiterhin danke ich meinen studentischen Hilfskräften Dominik Emonts, Niklas Drope, Lars Mantke, Johannes Rolzhäuser und Leonardo Miranda dos Santos für ihre Unterstützung bei Programmierarbeiten und den Prüfstandsversuchen.

Dr.-Ing. Joachim Hesse und Dr.-Ing. Martin Hellman haben mich zum Institut geführt und sorgten für meine Einstellung als wiss. Mitarbeiter, wofür ich ihnen zu besonderem Dank verpflichtet bin. Ingeborg und Hubertus Behle hatten einen wesentlichen Einfluss auf meine schulische Laufbahn, welche mir den Zugang zum Studium ermöglichte, wofür ich mich an dieser Stelle bedanke.

Besonders dankbar bin ich für die am Institut entstandenen Freundschaften, die über die fachlichen Aspekte hinaus zur notwendigen Motivation beigetragen haben. Neben den oben aufgeführten Personen möchte ich hier insbesondere Prof. Dr. Ronnie Rego, Christopher Janßen sowie Patricia de Oliveira Löhrer und Katharina Brenzel nennen.

Ich danke meiner Familie für die Unterstützung während des Studiums und der wissenschaftlichen Tätigkeit am WZL. Meine Eltern, Amtul Rashid und Mohammad Afzal, ermöglichten mir durch das Aufgeben ihrer persönlichen Wünsche und Träume und durch das Verlassen ihrer Heimat den Zugang zu einer guten Schul- und Universitätsausbildung, wofür ich ihnen auf ewig dankbar sein werde. Meinen Geschwistern, Misbah Afzal, Muzaffar und Mubashir Ahmad sowie ihren Ehepartnern und Kindern danke ich insbesondere für die schöne Zeit abseits der Arbeit und der Entstehung dieser Dissertation.

Ganz besonders danke ich jedoch Laurenz Roth für seine immerwährende Unterstützung und den Rückhalt, den er mir bei der Arbeit gegeben hat. Ohne dich hätte ich es nie geschafft!

Stuttgart im Dezember 2022

Kurzzusammenfassung

Schnelllaufende Getriebe gewinnen im Hinblick auf die Elektrifizierung von Antriebskomponenten in der Automobilindustrie zunehmend an Bedeutung. Aktuelle Konzepte zeigen den Trend zu Elektroantrieben mit höheren Drehzahlen als Verbrennungsmotoren. Während die störenden Geräusche des Getriebes durch den Verbrennungsmotor weitestgehend maskiert werden, ist dies bei dem Einsatz von Elektromotoren nicht der Fall.

Bislang wird der Fokus in der Anregungsoptimierung auf die toleranzbehaftete Analyse von genormten Standardmodifikationen am Einzelzahn gelegt. Die Modifikationen, welche über diese standardisierten Geometrien hinausgehen, wie beispielsweise die Verschränkung, werden nur selten berücksichtigt. Zudem wird aktuell in der Auslegung die Annahme einer gleichen Geometrie(-abweichung) für jeden Zahn zugrunde gelegt. Mit dem dabei herangezogenen System der IT-Verzahnungsqualitäten werden in erster Linie fertigungs- und nicht funktionsorientierte Toleranzen definiert.

Das Ziel der Dissertation ist eine Methode zur anregungsgerechten Auslegung schnelllaufender Getriebe. Hierbei wird sowohl auf die kurzwellige als auch langwellige Anregungscharakteristik von Stirnradgetrieben eingegangen. Das Hauptaugenmerk der Arbeit liegt auf dem detaillierten Verständnis der Kontaktverhältnisse infolge von Verschränkungen, Exzentrizitäten, Taumel- sowie Teilungsabweichungen und dem hieraus resultierenden Anregungs- bzw. Geräuschverhalten.

Das erste Inhaltskapitel befasst sich mit dem Nachweis der funktionalen Potenziale der Verschränkung. Hierzu wird die Modifikation eines Serienradsatzes um eine gezielte Verschränkung als Variationsparameter zur Optimierung des Anregungsverhaltens erweitert. Das zweite Inhaltskapitel thematisiert die Auswirkungen von langwelligen Abweichungen auf die Eingriffsbedingungen und die Akustik der Verzahnung. Für diese Untersuchungen werden Exzentrizitäten, Taumel- und Teilungsabweichungen gezielt in die Verzahnung eingebracht. Im dritten und vierten Inhaltskapitel werden die gewonnenen Erkenntnisse auf ein Fahrzeuggetriebe übertragen und ein tiefergehendes Verständnis der Kontaktbedingungen infolge der Abweichungen wird aufgebaut. Darauf basierend werden analytische Zusammenhänge zur unmittelbaren Bestimmung der Kontaktabstände bzw. des Drehfehlers hergeleitet. Die mithilfe der Zahnkontaktanalyse verifizierten Zusammenhänge werden abschließend genutzt, um funktionale Kenngrößen zur anregungsgerechten Tolerierung langwelliger Abweichungen abzuleiten. Zusammengefasst können anhand der entwickelten Methode Abweichungsgrenzwerte abgelesen werden, die für die Erreichung einer definierten Anregung bei einer gegebenen Verzahnungsgeometrie eingehalten werden müssen. Umgekehrt besteht auch die Möglichkeit, bei Auftreten einer Abweichung für den spezifischen Verzahnungsfall das resultierende Anregungsverhalten zu bestimmen. Diese Erkenntnisse können im Auslegungsprozess mit wenigen Vorkenntnissen und Erfahrungen bei der Definition von Montage- und Fertigungsabweichungen unterstützen und effektiv Kosten einsparen.

Summary

High-speed gearboxes are becoming increasingly important because of the rising electrification of drive components in the automotive industry. Current concepts show the trend towards electric drives with higher speeds than internal combustion engines. While the disturbing noise of the transmission is largely masked by the combustion engine, this is not the case when electric motors are used.

Up to now, the focus in excitation optimization has been on the tolerance-related analysis of standardized modifications of the single tooth. Modifications that go beyond these standardized geometries, such as the flank twist, are rarely considered. In addition, the current design is based on the assumption of the same geometry (deviation) for each tooth. With the system of IT gear qualities used in this context, tolerances are defined primarily on the basis of manufacturing and not on the basis of functionality.

The objective of this dissertation is the development of a method for the excitation-oriented design of high-speed gears. Both short-wave and long-wave excitation characteristics of cylindrical gears are considered. The main focus of the work is on the detailed understanding of the contact conditions due to the flank twists, eccentricities, wobble and pitch deviations and the resulting excitation and noise behavior.

The first part deals with the verification of the functional potential of the flank twist. For this purpose, the modification of a series gear set is extended by a targeted flank twist as a variation parameter for the optimization of the excitation behavior.

The second part deals with the effects of long-wave deviations on the meshing conditions and the acoustics of the gears. For these investigations, eccentricities, wobble and pitch deviations are specifically introduced into the gearing.

In the third and fourth parts of the dissertation, the findings are applied to a vehicle gearbox. In addition, a deeper understanding of the contact conditions resulting from the deviations is developed and, based on this, analytical correlations are derived which can be used to directly determine the contact distances and the transmission error. The correlations verified with a tooth contact analysis can finally be used to derive functional parameters for the excitation-oriented tolerancing of long-wave deviations.

In summary, the developed method can be used to determine deviation limits that must be followed in order to achieve a defined excitation for a given gear geometry. Conversely, it is also possible to determine the resulting excitation behavior for the specific gear case when a deviation occurs. These findings can support the design process with little knowledge and experience in the definition of assembly and manufacturing deviations and effectively save costs.

Inhaltsverzeichnis

Content

Formelzeichen und Abkürzungsverzeichnis

Formula Symbols and Abbreviations

Buchstaben

a	m/s^2	Körperschall
a	mm	Achsabstand
A	-	Verzahnungsqualitätsstufe
b	mm	Verzahnungsbreite
b_{Ea}	mm	Bezugsbreite am Kopf der dreieckförmigen Endrücknahme
b_{Ef}	mm	Bezugsbreite am Fuß der dreieckförmigen Endrücknahme
BI	-	Gesamtbewertungsindex
B_p	-	Parameter zur Berücksichtigung der Auswirkungen der effektiven Grundkreisteilungs-Abweichung
C_{Ea}	μm	Betrag der Kopfrücknahme der dreieckförmigen Endrücknahme
C_{Ef}	μm	Betrag der Fußrücknahme der dreieckförmigen Endrücknahme
$C_{H\alpha}$	μm	Betrag der Stirnprofilwinkelmodifikation
$C_{H\beta}$	μm	Betrag der Flankenlinienwinkelmodifikation
c_m	$N/(mm \cdot \mu m)$	Mittelwert der bezogenen Gesamtfedersteifigkeit
c_{th}	$N/(mm \cdot \mu m)$	bezogene Federsteifigkeit entlang der Eingriffsstrecke
$C_{v\alpha}$	μm	Betrag der Profil-Verschränkung
C_α	μm	Betrag der Profil-Balligkeit
$C_{\alpha a}$	μm	Betrag der Kopfrücknahme
$C_{\alpha f}$	μm	Betrag der Fußrücknahme
C_β	μm	Betrag der Flankenlinien-Balligkeit
$C_{\beta I}$, $C_{\beta II}$	μm	Beträge der Endrücknahme
c_γ	$N/(mm \cdot \mu m)$	bezogene Gesamtfedersteifigkeit
d	mm	Teilkreisdurchmesser
d_b	mm	Grundkreisdurchmesser

d_{Ca}	mm	Bezugsdurchmesser der Kopfrücknahme
d_{Cf}	mm	Bezugsdurchmesser der Fußrücknahme
d_{Ea}	mm	Bezugsdurchmesser am Kopf der dreieckförmigen Endrücknahme
d_{Ef}	mm	Bezugsdurchmesser am Fuß der dreieckförmigen Endrücknahme
DF	µm	Drehfehler
d_M	mm	Messkreisdurchmesser
d_{MK}	mm	Durchmesser der Tastkugel
f	Hz	Frequenz
$\overline{F}_0$	N	statische Gesamtkraft
$\overline{F}$	N	quasistatische Zahnkraft
$\widetilde{F}$	N	dynamische Zahnkraft
f'_l	µm	langwelliger Anteil der Einflanken-Wälzabweichung
f'_i	µm	Einflanken-Wälzsprungs
F'_i	µm	Einflanken-Wälzabweichung
f'_k	µm	kurzwelliger Anteil der Einflanken-Wälzabweichung
f_e	µm	Exzentrizität
F_E	N	Einheitskraft
$f_{e,A}$	µm	Exzentrizität am Messpunkt A
$f_{e,B}$	µm	Exzentrizität am Messpunkt B
$f_{e,Eingriff}$	µm	Exzentrizität entlang der Eingriffstrecke
f_{eR}	µm	Exzentrizität an der Rad-Vorderseite
f_{eV}	µm	Exzentrizität an der Rad-Rückseite
$f_{H\alpha T}$	µm	Toleranz der Profil-Winkelabweichung
$f_{H\beta T}$	µm	Toleranz der Flankenlinien-Winkelabweichung
F_n	N	Zahnnormalkraft
f_p	µm	Teilungs-Einzelabweichung
F_p	µm	Teilungs-Gesamtabweichung
f_{pb}	µm	Grundkreisteilungs-Abweichung
$f_{pb,eff}$	µm	effektive Grundkreisteilungs-Abweichung

f_{pbn}	µm	Teilungs-Einzelabweichung in Richtung der normalen Eingriffslinie
f_{pi}	µm	Einzelwert der Teilungs-Einzelabweichung
F_{pi}	µm	Einzelwert der Teilungs-Gesamtabweichung
f_{pt}	µm	Stirnteilungs-Einzelabweichung
f_{pT}	µm	Toleranz der Teilungs-Einzelabweichung
F_{pT}	µm	Toleranz der Teilungs-Gesamtabweichung
F_r	µm	Rundlaufabweichung
F_{rT}	µm	Toleranz der Rundlaufabweichung
f_u	µm	Teilungssprung
f_{uT}	µm	Toleranz des Teilungssprunges
f_w	Hz	(Wellen-)Drehfrequenz
$f_{w\alpha}$	µm	Profil-Welligkeit
f_z	Hz	Zahneingriffsfrequenz
f_α	°	Taumelwinkel
$F_{\beta y}$	µm	Wirksamer äquivalenter Verlagerungswert
g_α	mm	Länge der Eingriffsstrecke
$g_{\beta b}$	mm	Sprungeingriffsstrecke am Grundkreis
i	-	Übersetzung
$i_{ges.}$	-	Gesamtübersetzung
i_{HAG}	-	Übersetzung des Hinterachsgetriebes
$i_{Kegelrad}$	-	Übersetzung der Kegelradstufe
$i_{Stirnrad}$	-	Übersetzung der Stirnradstufe
$K_{F\alpha}$	-	Stirnfaktor - Zahnfußbeanspruchung
$K_{F\beta}$	-	Breitenfaktor - Zahnfußbeanspruchung
$K_{H\alpha}$	-	Stirnfaktor - Flankenpressung
$K_{H\beta}$	-	Breitenfaktor - Flankenpressung
K_v	-	Dynamikfaktor
$l_{A,mess}$	mm	Abstand des Messpunktes A von der Verzahnungsmitte

$l_{B,mess}$	mm	Abstand des Messpunktes B von der Verzahnungsmitte
L_{CI}, L_{CII}	mm	Längen der Endrücknahme
L_p	dB	Luftschall
M	$N \cdot m$	Drehmoment
m_n	mm	Normalmodul
n	min^{-1}	Drehzahl
n	-	Zählindex
$n_{B,1}$	min^{-1}	erste Biegeeigendrehzahl
O	-	Ordnung
p	mm	Teilung
P	W	Leistung
p_{et}	mm	Eingriffsteilung im Stirnschnitt
p_t	mm	Stirnteilung
p_{tM}	mm	Stirnteilung auf dem Messkreisdurchmesser
R^2		Bestimmtheitsmaß
r_b	mm	Grundkreisradius
$R_{CH\alpha}$	μm	Profil-Verschränkung
$R_{CH\beta}$	μm	Flankenlinien-Verschränkung
$R_{fH\alpha}$	μm	Profil-Verschränkung
$R_{fH\beta}$	μm	Flankenlinien-Verschränkung
r_i	μm	Einzelwert der Rundlaufmessung
s_{Knick}	-	Sicherheit gegen Ausknicken bei Eigenmode
t	s	Zeit
$T_{N2,Siede}$	°C	Siedetemperatur von Stickstoff
$T_{Öl}$	°C	Öltemperatur
t_{Stoss}	ms	Stoßzeitintervall
u_1	μm	Zahn- und Ritzelkörperverformung
u_2	μm	Zahn- und Radkörperverformung
u_H	μm	HERTZ'SCHE Abplattung der Zahnflanken
u_S	μm	Gesamtverformung

v	km/h	Fahrzeuggeschwindigkeit
$V_{Öl}$	l	Ölfüllmenge
x	-	Zählindex
z	-	Zähnezahl

Griechische Buchstaben

α_n	°	Normaleingriffswinkel
α_t	°	Stirneingriffswinkel
α_{wt}	°	Betriebseingriffswinkel des Radpaares
β	°	Schrägungswinkel
β_b	°	Grundschrägungswinkel
Δ	-	Differenz bzw. Abweichung
Δc	$N/(\mu m \cdot mm)$	Wechselanteil der bezogenen Gesamtfedersteifigkeit
Δr	μm	Radialversatz
$\Delta T_{Füge}$	K	Temperaturdifferenz zum Fügen
$\Delta\alpha$	°	Winkelfehler
ε_γ	-	Gesamtüberdeckung
$\lambda_{f\alpha}$	μm	Wellenlänge der Profil-Welligkeit
Φ	°	Phasenversatz
φ	°	Rotationswinkel
φ_e	°	Zentriwinkel

Indizes

1	auf das Ritzel bezogene Größe
2	auf das Rad bezogene Größe
I	Variante / Prüfbedingung I
II	Variante / Prüfbedingung II
Ab	Abtrieb
An	Antrieb
Ende	Ende der Messung / Auswertung
Exz.	Exzentrizität
ges	gesamt

i	Zählindex
links	linke Flanke
max	Maximum
min	Minimum
Neig.	Neigung
rechts	rechte Flanke
Ref.	Referenz
Schr.	Schränkung
Serie	Serienverzahnung
Start	Start der Messung / Auswertung
Tau.	Taumel
Teil.	Teilungsfehler
zul.	zulässiger Grenzwert
Zw	Kenngröße bezogen auf die Zwischenstufe

Abkürzungen

Abw.	Abweichung
BEM	Boundary Element Method
BMW	Bayerische Motorenwerke AG
DIN	Deutsches Institut für Normung
EM	Elektromotor
EN	Europäische Norm
EVP	elektrischer Verspannungsprüfstand
FE	Finite Elemente
FEM	Finite Element Method
FFT	Fast Fourier Transformation
Fl.	Flanke
Freq.	Frequenz
gez. VS	gezielte Verschränkung
ISO	International Organization for Standardization
IT	ISO-Toleranz

komp.	kompensiert
konst.	konstant
langw.	langwellig
LB	leichte Beschleunigung
m.	mit
MB	mittlere Beschleunigung
Messpos.	Messposition
nat. VS	natürliche Verschränkung
NVH	Noise, Vibration, and Harshness
o.	ohne
p	Peak-Wert
Pkw	Personenkraftwagen
POM	Polyoxymethylen
ptp	Peak-to-Peak-Wert
RWTH	Rheinisch-Westfälische Technische Hochschule
SC	Schub
STIRAK	FE-Stirnradkette
theoret.	theoretisch
TL	Teillast
top. opt.	topologisch optimiert
TTL	Transistor-Transistor-Logik
U	Umdrehung
var.	variabel
VB	volle Beschleunigung
VDE	Verband der Elektrotechnik Elektronik Informationstechnik e.V.
VDI	Verein Deutscher Ingenieure e.V.
VS	Verschränkung
VZ	Verzahnung
WZL	Werkzeugmaschinenlabor
ZAKO3D	FE-basierte, allgemeine Zahnkontaktanalyse

1 Einleitung

Schnelllaufende Getriebe gewinnen im Hinblick auf die zunehmende Elektrifizierung von Antriebskomponenten, insbesondere in der Automobilindustrie, immer mehr an Bedeutung. Durch die stetige Weiterentwicklung fordert die Industrie leistungsfähigere Maschinen bei gleichzeitig geringerem Gewicht und Bauvolumen. Aktuelle Konzepte zeigen den Trend zu Elektroantrieben mit höheren Drehzahlen als Verbrennungsmotoren. Hierdurch kann das Motorgewicht bei gleicher Leistung reduziert werden. In der Konstruktion und Fertigung von Fahrzeuggetrieben werden sich daher zukünftig neue Anforderungen ergeben, die aus den hohen Drehzahlen resultieren. [SCHA09]

Zusätzlich ist das Antriebsgeräusch des Elektromotors wesentlich leiser als das eines Verbrennungsmotors bei gleicher Leistung. Während die störenden Geräusche des Getriebes durch den Verbrennungsmotor weitestgehend maskiert werden, ist dies bei dem Einsatz von Elektromotoren nicht der Fall. [ENGL15]

Die wesentliche Schwingungsanregung eines Zahnradgetriebes findet ihren Ursprung in der inneren Anregung, die unmittelbar durch die Zahneingriffsverhältnisse bestimmt wird. Die mikrogeometrische Verzahnungsauslegung erfolgt vorwiegend vor dem Hintergrund der Kompensation fertigungs- und lastabhängiger Effekte, die zu Abweichungen im Zahnkontakt führen und das Anregungsverhalten unmittelbar beeinflussen. Um diesen Effekten entgegenzuwirken, werden die Mikrogeometrien der Zahnflanke (Modifikationen) lastabhängig und anregungsgerecht ausgelegt.

Bislang wird der Fokus in der Anregungsoptimierung auf die toleranzbehaftete Analyse von genormten Standardmodifikationen am Einzelzahn gelegt. Die Modifikationen, welche über diese standardisierten Geometrien hinausgehen, wie beispielsweise die Verschränkung, werden aufgrund des unbekannten Einflusses auf das Geräuschverhalten nur selten berücksichtigt. Die vorliegende Arbeit soll dazu beitragen, die Auswirkungen der Verschränkung zu ergründen und einen Nachweis für das Potenzial der Verschränkung zur Verbesserung des Anregungsverhaltens liefern.

Zudem wird aktuell in der Auslegung die Annahme einer gleichen Geometrie(-abweichung) für jeden Zahn zugrunde gelegt. Eine Klassifizierung der Qualität von Verzahnungsabweichungen basierend auf der Zahnradmakrogeometrie erfolgt durch die übliche Angabe der IT-Klassen nach der DIN 3962 bzw. DIN ISO 1328 [DIN78a, DIN78b, DIN78d, ISO18, ISO21]. In erster Linie werden jedoch mit dem System der Verzahnungsqualitäten fertigungs- und nicht funktionsorientierte Toleranzen definiert. Hinzukommt, dass zum Teil Grenzwertvorgaben für langwellige Abweichungen nur indirekt über Flankenmodifikationen definiert werden können. Demzufolge werden in dieser Arbeit die Kontaktbedingungen von Stirnradverzahnungen infolge langwelliger Abweichungen tiefergehend analysiert und ein validierter Berechnungsansatz entwickelt, mit dem das daraus resultierende Anregungsverhalten bestimmt werden kann. Dieser Ansatz erlaubt schließlich die Ableitung funktionaler Kenngrößen zur anregungsgerechten Tolerierung langwelliger Verzahnungsabweichungen.

1 Introduction

High-speed gearboxes are becoming increasingly important in terms of the rising electrification of drive components, especially in the automotive industry. As a result of continuous development, the industry is demanding more powerful machines with simultaneously lower weight and volume. Current concepts show the trend towards electric drives with higher speeds than internal combustion engines. This allows the weight of the motor to be reduced while maintaining the same power output. Therefore, new requirements will arise in the design and manufacturing of vehicle gearboxes in the future, which will result from the high speeds. [SCHA09]

In addition, the noise of the electric motor is much lower than the noise of an internal combustion engine with the same power output. The disturbing noise of the gearbox is largely masked by the combustion engine, but this is not the case when electric motors are used. [ENGL15]

The essential vibration excitation of a gearbox finds its origin in the internal excitation, which is directly determined by the gear meshing conditions. The micro geometric gear design is mainly based on the compensation of manufacturing and load-dependent effects, which lead to deviations in the tooth contact and directly influence the excitation behavior. To counteract these effects, the micro geometries of the tooth flank, also called modifications, are designed load-dependently and in accordance with the excitation.

Up to now, the focus in excitation optimization has been on the tolerance-related analysis of standardized modifications on individual teeth. Modifications beyond these standardized geometries, such as flank twists, are rarely considered due to their unknown influence on noise behavior. This work is intended to contribute to the understanding of the effects of flank twists and to provide evidence for the potential of flank twists to improve the excitation behavior.

In addition, the design is currently based on the assumption of an equal geometry (deviation) for each tooth. A classification of the quality of gear deviations based on the gear macro geometry is done by the usual specification of IT classes according to DIN 3962 or DIN ISO 1328 [DIN78a, DIN78b, DIN78d, ISO18, ISO21]. However, the system of gear qualities is primarily used to define manufacturing-oriented and not function-oriented tolerances. In addition, in some cases limit values for long-wave deviations can only be defined indirectly via flank modifications. The contact conditions of cylindrical gears due to long-wave deviations are analyzed in more detail in this work. A validated calculation approach is developed, with which the resulting excitation behavior can be determined. Finally, this approach allows the derivation of functional parameters for the excitation-oriented tolerancing of long-wave gear deviations.

2 Stand der Technik in Forschung und Industrie

State of the Art in Research and Industry

Das Anregungsverhalten von Verzahnungen steht vor dem Hintergrund steigender Anforderungen an die dynamischen Beanspruchungen und das Noise-Vibration-Harshness (NVH)-Verhalten im Mittelpunkt der Getriebeauslegung. So beschränken bspw. Rechtliche Rahmenbedingungen die maximal zulässige Schallabstrahlung im Fahrzeugsektor [BERG18]. Im Getriebebau konnte das Geräuschniveau in den letzten Jahren durch ein besseres Verständnis der Anregungsmechanismen, neue Freiheitsgrade in der Geometrie der Zahnflankenmodifikationen und eine hohe Prozessfähigkeit in der Erzeugung der Zahnflankenmodifikationen kontinuierlich gesenkt werden [RADE07, GRIG10, HEID12, CARL14, HELL15, WUER15, KOHN19, BRIM20, PIEL20].

In diesem Kapitel wird der Stand der Technik zum Anregungsverhalten von evolventischen Stirnradgetrieben behandelt. Ausgehend von der theoretischen Betrachtung des Anregungsverhaltens werden darauf aufbauend die relevanten Abweichungsarten, wie sie in der derzeitigen Norm definiert sind, vorgestellt. Abschließend wird die Vorgehensweise beschrieben, die zur Untersuchung des Anregungsverhaltens standardisiert und etabliert ist und die Erkenntnisse der bisherigen, relevanten Arbeiten mit dem Fokus kurzwelliger und langwelliger Anregung zusammengefasst. Das Kapitel endet mit einem Fazit und einer Abgrenzung dieser Arbeit zum Stand der Technik.

2.1 Theoretische Betrachtung des Anregungsverhaltens von Getrieben

Theoretical Analysis of the Excitation Behavior of Gearboxes

Die Theorie der Getriebeanregung umfasst die Aspekte der Geräuschentstehung, der Berechnung und Auslegung sowie der drehmoment- und drehzahlabhängigen Anregungscharakteristik. Hinsichtlich der Geräuschentstehungskette werden die Ursachen und die hiermit zusammenhängenden Anregungsmechanismen vorgestellt. Die rechnerischen Methoden beinhalten das allgemeine Prinzip einer FE-basierten Zahnkontaktanalyse, welche oftmals Anwendung in der darauffolgend beschriebenen Auslegung findet. Abschließend wird das getriebespezifische Anregungsverhalten infolge von Abweichungen im Zahnkontakt beschrieben.

2.1.1 Geräuschentstehung und Anregungsmechanismen

Noise Origin and Excitation Mechanisms

Die Schwingungsanregung eines Getriebes wird infolge unterschiedlicher Erregerkräfte induziert, die zur Geräuschemission beitragen. Ein großer Teil des Körperschalls findet seinen Ursprung im Zahneingriff [SCHL10]. Unterschieden wird hierbei zwischen einer inneren Anregung, resultierend aus dem Zahneingriff, und einer äußeren, im Allgemeinen verzahnungsunabhängigen Fremdanregung [SALJ87]. Im Gegensatz zur äußeren wird die innere Anregung eines Zahnradgetriebes unmittelbar durch die Zahneingriffsverhältnisse bestimmt.

Getriebegeräusche lassen sich hinsichtlich der folgenden drei Entstehungsarten unterteilen: die Weganregung wird durch fertigungsbedingte Verzahnungsabweichungen und gezielt aufgebrachte Flankenmodifikationen verursacht, die Parameteranregung resultiert aus einer über dem Wälzweg veränderlichen Zahnfedersteifigkeit, während die Stoßanregung durch einen vorzeitigen Zahneingriff aufgrund lastbedingter Verformungen initiiert wird [SALJ87].

Eine klare Abgrenzung dieser drei Anregungsmechanismen ist aufgrund von Wechselwirkungen nicht immer eindeutig möglich. Nach SALJÉ kann bei der Geräuschentstehung im Allgemeinen ein Zusammenhang zwischen niedriger spezifischer Last und der Weganregung und einer Dominanz der Parameteranregung wie auch des Zahneingriffsstoßes bei erhöhter Belastung festgestellt werden [SALJ87]. Der maschinenakustischen Übertragungskette zufolge werden die Schwingungen durch die mechanischen Strukturen wie Wellen und Lager übertragen, von schwingungsfähigen Komponenten und der Oberfläche des Getriebegehäuses abgestrahlt und durch das Gehör in Form von Luftschall aufgenommen [CARL14].

Weganregung

Die Weganregung tritt im Gegensatz zu den übrigen Anregungsmechanismen bereits im unbelasteten Zustand der Zahnflanke auf und ist durch eine Abweichung von der ideal-evolventischen Zahnflankenform charakterisiert. Eine unmodifizierte und abweichungsfrei gefertigte Verzahnung erfüllt im lastfreien, unverformten Zustand die Bedingungen des Verzahnungsgesetztes und somit die Forderung nach einer konstanten Übersetzung über dem Wälzweg [TOPP66]. Das Verzahnungsgesetz findet dann seine Gültigkeit, wenn die Normalen der Berührflächen beider Zahnflanken stets durch den Wälzpunkt verlaufen. Nur unter diesem Umstand ist eine über den Zahnkontakt gleichförmige Übersetzung von einem Zahnrad auf das Nächste gewährleistet. Die aus der Belastung resultierende Verformung führt zu einer Abweichung der theoretischen Eingriffsverhältnisse [TESC69, KLOC17]. Geringe Abweichungen, bspw. durch Modifikationen der Zahnflankenform oder durch Fertigungsfehler, führen somit zu einer Schwankung der Übersetzung über der Eingriffsstrecke.

In **Bild 2-1** sind exemplarisch mikrogeometrische Abweichungen bzw. Modifikationen mit ihren qualitativen Auswirkungen auf den Drehfehler dargestellt. Der Drehfehler beschreibt die Abweichung eines Getriebes von einer idealen Drehübertragung mit konstanter Übersetzung und stellt ein Maß für die Getriebeanregung dar. Die konjugierte Verzahnung beschreibt den zuvor beschriebenen idealen Zustand mit konstanter Übersetzung. Der Drehfehlerverlauf verändert sich durch das Aufbringen einer Profil-Balligkeit zu einem parabelförmigen Verlauf mit einem unstetigen Übergang bei dem Flankenwechsel, wohingegen die Profil-Winkelmodifikation zu einem sägezahnartigen Verlauf führt. [KLOC17]

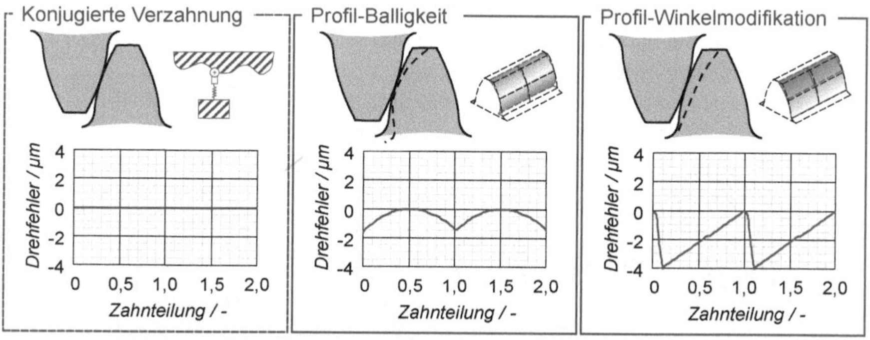

Bild 2-1: Wegabhängige Verzahnungsanregung [KLOC17]
Path-Dependent Gear Excitation [KLOC17]

Da die Weganregung bereits im lastfreien Zustand wirksam ist, ist sie bereits bei geringer Last von besonders großer Bedeutung für die geräuscharme Verzahnungsauslegung. Höhere Lasten führen zu Verformungen der im Eingriff befindlichen Zähne und somit zu einem abweichenden Tragverhalten der Flankenpaarung. Der Einfluss der Parameter- und Stoßanregung spielt bei höherer Last aufgrund der Verformung eine größere Rolle als die Flankenabweichung respektive die Weganregung [NIEM03]. Der lastabhängige Grenzwert für diesen Übergang ist abhängig von der Art und dem Betrag der Flankenmodifikation.

Parameteranregung

Die Parameteranregung ist auf eine über der Eingriffsstrecke veränderliche Einzel- und Gesamtfedersteifigkeit der belasteten Zahnflanken zurückzuführen. Dynamische Übersetzungsschwankungen finden demnach ihren Ursprung in der sich über den Wälzweg ändernden Zahnfedersteifigkeit und tragen maßgeblich zur Körperschallanregung bei. Zusammen mit dem An- und Abtriebsdrehmoment führt dies zu einer Drehungleichförmigkeit im Zahnkontakt. [WECK92, NIEM03]

Jeder im Eingriff befindliche Zahn erfährt infolge der Drehmomentübertragung eine wälzstellungsabhängige Verformung. Über die Wälzstellung wird die Lage und Richtung der zu übertragenden Kraft auf der Zahnflanke definiert. Während des Wälzvorgangs einer Zahnradstufe wandert der Krafteinleitungspunkt mit dem Berührpunkt bei treibendem Ritzel vom Zahnfuß zum -kopf und entsprechend in entgegengesetzter Richtung am getriebenen Rad.

Die Schwankung der Gesamtfedersteifigkeit ist durch die variierende Anzahl der sich im Eingriff befindlichen Zahnpaare beziehungsweise den Überdeckungsgrad ε_γ bedingt. Ist der Überdeckungsgrad bzw. die Gesamtüberdeckung $\varepsilon_\gamma > 1$ befinden sich im Schnitt mehr als ein Zahn zeitgleich im Eingriff, welcher in einem theoretischen Modell durch parallelgeschaltete Federn abstrahiert werden kann.

In **Bild 2-2** links sind die Verformungsanteile u_1 und u_2 sowie der Verlauf der Abplattung der Oberfläche nach Hertz für die belasteten Zahnflanken u_H und die theoretische Zahnfedersteifigkeit c_{th} für einen Einzelzahneingriff dargestellt [HERT82]. Die bzgl. des Wälzweges zusammengefassten phasenversetzten Einzelfedersteifigkeiten der tragenden Zähne ergeben eine Gesamtfedersteifigkeit c_γ [ZIEG71].

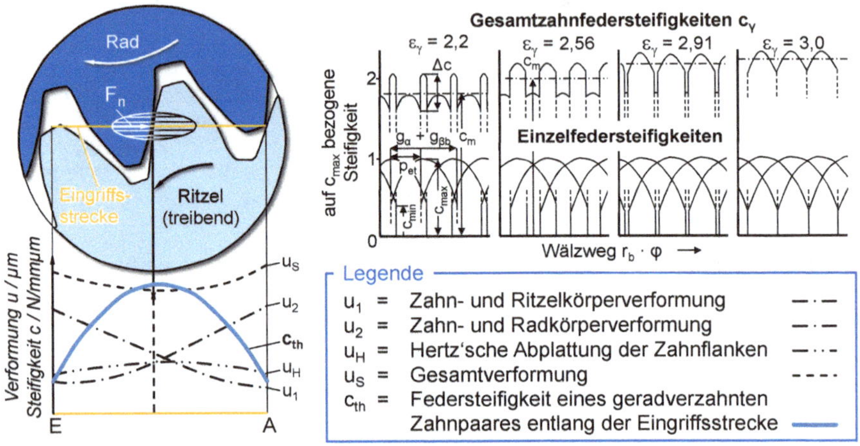

Bild 2-2: Abplattung und Zahnfedersteifigkeiten [MÖLL82, KLOC17]

Flattening and Tooth Spring Stiffness [MÖLL82, KLOC17]

Wie in Bild 2-2 rechts dargestellt, sollte in einer idealisierten Betrachtung für eine anregungsarme Leistungsübertragung die Gesamtfedersteifigkeit eine möglichst geringe Schwankung aufweisen. In den gezeigten Beispielen weist die ganzzahlige Gesamtüberdeckung von $\varepsilon_\gamma = 3{,}0$ eine vergleichsweise hohe Gesamtfedersteifigkeit bei einer gleichzeitig geringen Schwankung auf. Besonders eine ganzzahlige Überdeckung führt zu einer Minimierung der Geräuschanregung [BAET69, SCHM73]. Dies ist durch eine erhöhte Gesamtfedersteifigkeit c_m, mit einer verringerten, für die Anregung verantwortliche Amplitude der wechselnden Steifigkeit Δc begründet.

Neben den makrogeometrischen Größen, die die Gesamtüberdeckung beeinflussen, wird die Gesamtzahnfedersteifigkeit und somit die Parameteranregung zudem durch mikrogeometrische Abweichungen oder Werkstoffinhomogenitäten beeinflusst. Die auf diese Weise unter Last entstehende Drehungleichförmigkeit führt zu einer unerwünschten Geräuschanregung. [KLOC17]

Dabei gilt es zu beachten, dass der Drehfehler sich aus einem lastfreien und einem lastbedingten Anteil zusammensetzt. Die Phasenlage beider Anteile ist für das resultierende Anregungsverhalten entscheidend und verändert sich aufgrund der elastischen Verformung der Zähne mit zunehmender Last. Wird der Zustand einer gegenphasigen Schwingung der beiden Anteile erreicht, so ergibt sich ein lokales, drehmomentspezifisches Minimum im Drehfehlerverlauf. Den Arbeiten nach UMEYAMA ET AL.,

MOHAMED ET AL. und GERADTS zufolge entsteht das erste Minimum bei einer Gesamtüberdeckung von etwa $\varepsilon_\gamma = 1{,}67$ und das zweite bei etwa $\varepsilon_\gamma = 2{,}87$. [UMEY98, MOHA09, GERA19]

Stoßanregung

Die Stoßanregung resultiert im Allgemeinen aus der Verformung der belasteten Zahnpaare. Aufgrund dieser Verformung respektive der Zahnbiegung infolge der Zahnkontaktkräfte kommt es zu einer Änderung der effektiven Teilung am nachfolgenden, unbelasteten Zahnpaar. In **Bild 2-3** ist das Prinzip des Anregungsmechanismus dargestellt. Die Stoßanregung beschreibt das in der realen Applikation impulsartige Aufeinandertreffen der Zähne, bei dem es zu einer theoretischen Durchdringung der Zähne kommt und zu stark dynamischen Lastüberhöhungen der Zahnkräfte, vgl. Bild 2-3 rechts [WECK92].

Der theoretisch durchdrungene Bereich der neu in Eingriff kommenden Zähne 3 und 3' ist in Bild 2-3 gekennzeichnet. Die Lastüberhöhungen initiieren je Zahneingriff eine Schwingung im System. Beim Austritt der beteiligten Zähne können diese mit ihrer Eigenfrequenz ausschwingen. [WECK92]

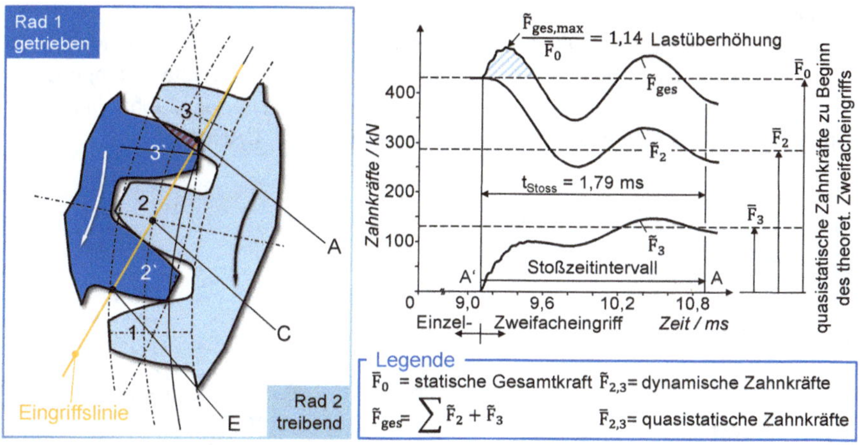

Bild 2-3: Verlauf der Zahnkräfte über der Eingriffsstrecke nach [WECK89, NIEM03, BERG18]

Tooth Forces along the Path of Contact acc. to [WECK89, NIEM03, BERG18]

Neben der lastbedingten Verformung können Fertigungsabweichungen zu einer Stoßanregung führen [NIEM03, KLOC17]. Um das Auftreten der Stoßanregung, die zudem zu Zahnflankenschäden führen kann, zu verhindern, können folgende Maßnahmen ergriffen werden [WECK92, NIEM03]:

- Auslegen einer geeigneten Kopf- oder Fußrücknahme,
- Ersetzen der Geradverzahnung durch Schrägverzahnung,
- Herabsetzen der beteiligten Stoßmassen,
- Erhöhung der Gesamtfedersteifigkeit und
- Verringerung der Teilungsabweichung.

Geräuschentstehungskette

Die zuvor beschriebenen Anregungsmechanismen stellen nach KLOCKE ET AL. den Hauptteil der Geräuschanregung eines Zahnradgetriebes dar [KLOC17]. Mithilfe von Analysewerkzeugen und der Kenntnis von zu untersuchenden Aufbauten können Geräuschverursachende Baugruppen eindeutig identifiziert werden. Das Source-Path-Receiver-Prinzip bzw. die Geräuschentstehungskette ist in **Bild 2-4** am Beispiel eines Getriebes dargestellt [CERR11].

Der Zahnkontakt stellt die Geräuschquelle bzw. die sogenannte innere Anregung dar und initiiert einen direkten Luftschall innerhalb des Getriebegehäuses. Dieser direkte Luftschall wird im Gehäuse gekapselt und ist in der Regel außerhalb dessen nicht wahrnehmbar. Neben dem direkten Luftschall entsteht eine Schwingung, die in Form eines Körperschalls über die Wellen und Lager des Getriebes an das Gehäuse weitergeleitet wird. Die Übertragbarkeit dieser Schwingung wird durch den Transferpfad beschrieben und ist von Masse, Steifigkeit und Dämpfung der beteiligten Komponenten abhängig. Der Pfad der Körperschallleitung kann durch eine frequenzabhängige Übertragungsfunktion beschrieben werden. [MÜLL91, HOHL02, CARL14]

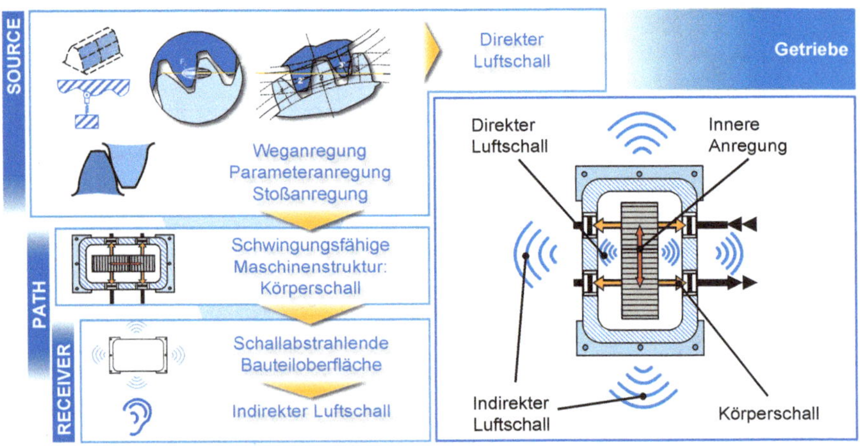

Bild 2-4: Geräuschentstehung und Übertragung nach [CERR11, BERG18]
Source-Path-Receiver Principle acc. to [CERR11, BERG18]

Der Geräuschentstehungskette folgend bewirkt der Körperschall an der Gehäuseoberfläche eine Bewegung der angrenzenden Gasmoleküle der Luft, die zur Oszillation angeregt werden, sodass der indirekte Luftschall an die Umgebung abgestrahlt wird.

Diese Schwingungen werden vom menschlichen Gehör als Empfänger in Abhängigkeit der Frequenz unterschiedlich laut wahrgenommen [FAST07]. Die Analyse der Geräuschursache eines Getriebes kann auf Basis der beschriebenen maschinenakustischen Wirkkette zielgerichtet und lösungsorientiert durchgeführt werden. [KLOC17]

2.1.2 Methoden zur Berechnung des Einsatzverhaltens

Methods for Calculating the Application Behavior

Eine simulative Herangehensweise bietet den Vorteil der Einsparung zeitaufwendiger und kostenintensiver Prüfstandversuche. Durch den rechnerischen Ansatz können eine Vielzahl an möglichen Varianten im Fall der Verzahnungsauslegung innerhalb kurzer Zeit berechnet und bewertet werden, wodurch nicht nur Entwicklungszeiten verringert, sondern auch Kosten eingespart werden können.

Im Folgenden wird die Vorgehensweise zur Modellbildung in der Simulationstechnik beschrieben. Der Fokus liegt hierbei auf der Abbildung des Einsatzverhaltens mithilfe von Zahnkontaktanalysen. Diese ermöglichen die Bewertung des Zahneingriffs unter Berücksichtigung des reduzierten Gesamtsystems anhand von Kennwerten, welche das Wirkungsgrad-, Beanspruchungs-, Anregungs- sowie Geräuschverhalten von Getrieben beschreiben. Dieses Vorgehen wird im Allgemeinen für die Optimierung eines Getriebes genutzt.

Die Modellbildung dient dem strukturierten Vorgehen, um Systeme hinsichtlich ihrer Komplexität zu reduzieren. Die Reduktion dient der Vereinfachung des Systems auf die für das Ziel notwendigen und wesentlichen Merkmale. Anzustreben ist ein gerade ausreichender Detaillierungsgrad des Simulationsmodells. [KLOC17]

Die im Bereich der Getriebetechnik häufig eingesetzten Zahnkontaktanalysen dienen der Funktionsbeschreibung des Zahneingriffs. Sie werden zur Bestimmung der lastbedingten Verformung der Zähne im betriebsnahen Zustand ggf. unter Einbeziehung der Wellen-/Lagerverformungen eingesetzt. Sowohl die Lastverteilung als auch der Drehfehler werden durch jegliche sich im Eingriff ergebenden Abweichungen beeinflusst. Unter Berücksichtigung dieser Aspekte können die Flankenmodifikationen für den jeweiligen Betriebszustand ausgelegt werden. Die Berechnungsverfahren lassen sich in analytische plattentheoretische und numerische Berechnungsverfahren unterteilen [WEBE55, PLAC88, WIKI98]. Die numerischen Verfahren haben sich in der Vergangenheit etabliert [EHRE00]. Sie beruhen entweder auf der Finite Element (FEM) oder der Boundary Element Method (BEM) [CAO02, HEMM07, SCHÄ08, SCHU15].

Der häufig eingesetzte FE-basierte Ansatz wird aufgrund der Flexibilität in der Abbildung des Zahnkontaktes und der kurzen Berechnungszeiten detaillierter vorgestellt. Das Volumen wird dabei durch endlich große Elemente abgebildet. Für jedes dieser Elemente wird ein Näherungsansatz formuliert, mittels dessen die Zustandsgrößen wie beispielsweise die Verschiebungen und Spannungen ermittelt werden. Aufgrund der komplexen Wechselwirkungen sowie der Kontaktsteifigkeit und der kinematischen Verhältnisse im Zahnkontakt eignen sich kommerziell angebotene FEM-Programme nur bedingt. Der erhebliche Rechenaufwand für die Berechnung der Gesamtheit aller Eingriffsstellungen und die damit einhergehende oftmals unwirtschaftliche Rechenzeit stellen neben der gesonderten und aufwändigen Auswertung der verzahnungsspezifischen Kenngrößen weitere Nachteile dar. [KLOC17]

Der Nachteil der FEM kann durch eine Kopplung der Berechnungsmethode mit einem analytischen Ansatz aufgewogen werden. Aus diesem Grundgedanken sind FE-basierte Zahnkontaktanalysen entwickelt worden, welche die FE-Methode mit dem sogenannten mathematischen Federmodell nach NEUPERT verbindet [NEUP83]. Dieser Ansatz ermöglicht die Berechnung der verzahnungsspezifischen Kenngrößen unter Last. Auf diese Weise können die Lastverteilung, die Verformungen, die Flankenpressungen sowie die Zahnfußspannungen und die Zahnfedersteifigkeiten im Eingriff berechnet werden, die wiederum für die Bestimmung des Anregungsverhaltens genutzt werden.

In dem kombinierten Ansatz werden die Steifigkeitseigenschaften der Radpaarung durch Verschiebungseinflusszahlen beschrieben. Für die Einflusszahlen, welche die Nachgiebigkeit am Berührpunkt beschreiben, wird eine FE-Berechnung durchgeführt [NEUP83]. Anders als bei dem analytischen Ansatz nach ISO 6336 kann die Zahn- und Kontaktgeometrie auf verschiedene Weisen exakt vorgegeben werden. Weiterhin besteht die Möglichkeit, die Verformungen des Zahnrades zu bestimmen.

Die Verzahnungsgeometrie wird zu Beginn als dreidimensionale Punktewolke erzeugt. Es können unterschiedliche Zahnkonturen berücksichtigt werden, die das Ergebnis einer Fertigungssimulation sein können. Alternativ kann diese Vorgabe einer Verzahnungsmessung oder einer analytischen Beschreibung der Zahnflanke entstammen. So können beispielsweise fertigungsbedingte Abweichungen berücksichtigt oder Modifikationen anhand von vielen Varianten ermittelt werden, die ein verbessertes Einsatzverhalten aufweisen. [CAO02]

Die Kontaktbereiche können entweder als Linienkontakt analytisch aus dem Verzahnungsgesetz berechnet oder über eine dreidimensionale iterative Kontaktsuche bestimmt werden. Bei Verwendung der analytischen Herangehensweise wird der Kontaktbereich über die Eingriffsfläche definiert. Diese ergibt sich durch die gemeinsame Breite und Eingriffsstrecke. Die Berührlinien werden innerhalb dieses Bereiches für diskret verteilte Wälzstellungen und unter Berücksichtigung der Zahnflankentopografie bzw. -modifikation analytisch berechnet. [KLOC17]

Ein allgemeiner und flexibler Berechnungsansatz ist für den Fall von sehr elastischen Zahneingriffen oder von lastabhängig auftretenden Lageabweichungen der Kontaktbereiche über der Zahnflanke notwendig. Gegenüber dem analytischen Berechnungsansatz ist dieses Vorgehen rechenzeitintensiver. [HEMM07]

Die Berechnung der Verzahnungskennwerte erfolgt unter Last. Das hierzu notwendige FE-Gitter wird mithilfe eines automatisierten Vernetzungsalgorithmus anhand der dreidimensionalen Punktewolke erzeugt. Zur Einsparung von Rechenzeit werden lediglich der Radkörper sowie die gleichzeitig im Eingriff befindlichen Zähne modelliert. Die Berechnung der Verzahnungssteifigkeit im Eingriff erfolgt mithilfe des FE-Solvers. Verschiebungseinflusszahlen werden zur Charakterisierung des Steifigkeitsverhaltens und der Kraftverteilung für jeden Berührpunkt je Laststufe bestimmt. [CAO02]

Die im lastfreien Zustand definierten Berührpunkte stellen die Eingangsgrößen des FE-Modells dar. Diese werden mit einer Einheitskraft von $F_E = F_N = 1$ N in Normalenrichtung der Flanke belastet, wobei die Kreuzeinflüsse benachbarter Zähne erfasst werden. Im Allgemeinen stimmen die Berührpunkte nicht mit den FE-Knoten überein, weshalb die Umrechnung der Berührkraft auf die anliegenden FE-Knoten mithilfe der Formfunktion nach ZIENKIEWICZ erfolgt [ZIEN71]. Die sich ändernde Steifigkeit und die resultierenden Kraftangriffspunkte aller Wälzstellungen müssen zur Ermittlung der höchsten Beanspruchung bestimmt werden. Das mathematische Federmodell nach NEUPERT dient der Ermittlung der Kräfte und Verformung, wonach der reale Zahnkontakt im Mehrfacheingriff als parallelgeschaltete Federn verstanden werden kann [NEUP83].

Durch das Linienkontaktmodell wird auf Basis der allgemeinen Theorie der Elastizitäten das Kontaktproblem hinreichend gut gelöst. Dabei bilden die Einflusszahlen und Kontaktabstände die Eingangsgrößen dieses Modells. Aufgrund der zu Beginn nicht bekannten, lastabhängigen Verformung und der hieraus folgenden Lastverteilung ist ein iteratives Lösen des linearen Gleichungssystems des Federmodells notwendig. Die diskreten Berührpunktkräfte werden zu einem kontinuierlichen Verlauf und somit einer resultierenden Linienlast interpoliert. Dieser Verlauf lässt Rückschlüsse auf Flankenpressungen und Zahnfußspannungen zu. Des Weiteren werden neben Steifigkeits- und Drehfehlerkenngrößen auch Tragbilder unter Last berechnet, die zusätzlich der Beurteilung des Anregungsverhaltens dienen. [CAO02]

2.1.3 Vorgehensweise zur Auslegung des Anregungsverhaltens

Procedure for the Design of the Excitation Behavior

Im Auslegungsprozess sind zunächst festgelegte Anforderungen an die Getriebestufen in Form von Leistung und Übersetzung in einem Pflichtenheft definiert. Langjährige Erfahrungen und institutionell festgelegte Normen sind die Basis der Auslegung der Makrogeometrie für den Anwendungs- und Betriebsfall. Ausgehend von dieser Verzahnungsmakrogeometrie wird die Zahnflankenmikrogeometrie bestimmt, vgl. **Bild 2-5**. Diese Auslegung basiert in der Regel auf analytisch beschreibbare Standardmodifikationen bzw. -korrekturen und Abweichungen, die der ideal-evolventischen Flankenform überlagert werden. Charakterisiert sind diese sogenannten Standardmodifikationen dadurch, dass sie sich entweder entlang einer Profil- oder einer Flankenlinie nicht ändern und folglich durch einen zweidimensionalen Schnitt der Zahnflanke eindeutig beschreibbar sind. Neue steuerungstechnische Möglichkeiten der Maschinen zur Hartfeinbearbeitung von Stirnradverzahnungen ermöglichen darüber hinaus sogenannte topologische Korrekturen der Zahnflanke, die mithilfe von überlagerten

Flächenfunktionen definiert werden können. Weiterhin können in diesem Prozessschritt fertigungsbedingte Abweichungen wie die Verschränkung berücksichtigt werden. Konventionell kommen für die Fertigbearbeitung das kontinuierliche Wälzschleifen und das diskontinuierliche Profilschleifen zum Einsatz. [HELL15]

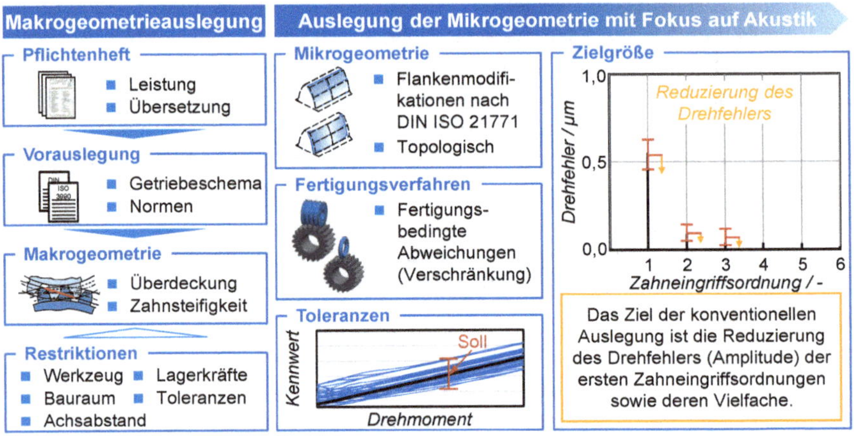

Bild 2-5: Konventionelle Verzahnungsauslegung unter Berücksichtigung des Anregungsverhaltens [BREC17]

Conventional Gear Design Considering the Excitation Behavior [BREC17]

Die zum Erreichen des Auslegungsziels ideale Kombination der Modifikationen wird mittels einer toleranzfeldbasierten Mikrogeometrieoptimierung in einer Zahnkontaktanalysesoftware gefunden. In solchen Programmen können verschiedene Korrekturarten und -beträge sukzessive vorgeben werden. Unter Berücksichtigung von Toleranzfeldern für genormte Zahnflankenmodifikationen wie bspw. für die Profil- und Flankenlinien-Winkelmodifikation werden anschließend Variantenrechnungen zur Bestimmung der idealen Kombination von Korrekturen durchgeführt. [CAO02]

Die Variantenrechnung wird automatisiert unter Vorgabe der Gewichtung einzelner Ausgangsgrößen, die das Einsatzverhalten beschreiben, ausgewertet. Bezüglich des Anregungsverhaltens ist eine geringe Ungleichförmigkeit der Drehübertragung, also ein geringer Drehfehler, anzustreben, der vorwiegend im Auslegungsprozess für die Zahneingriffsordnungen betrachtet wird und in Abhängigkeit gewählter Fertigungstoleranzen der Flankenmodifikationen in einem Streubereich schwankt, vgl. Bild 2-5. [BAXM07]

Im Wesentlichen werden individuelle Analysen und Tolerierungen von Abweichungen im Auslegungsprozess nicht an allen Zähnen eines Zahnrades, sondern am einzelnen Zahn bzw. einer einzelnen Teilung vorgenommen. Bei der Auslegung auf diese Weise bleiben die Einflüsse fertigungs- und montagebedingter Abweichungen vom idealen Zahneingriff unberücksichtigt, welche sich nicht nur auf einen einzelnen Zahn, sondern auf die Gesamtheit aller Zähne beziehen und über diese veränderlich sind. Diese während eines Radumlaufs veränderliche Kontaktgeometrie im Zahneingriff beeinflusst das Anregungsverhalten. **Bild 2-6** unten zeigt exemplarisch den Einfluss auf den Drehfehler, der sich aus Teilungs- bzw. Rundlaufabweichungen sowie aus Winkel- und Formabweichungen im Zahnkontakt ergeben kann. [BREC17]

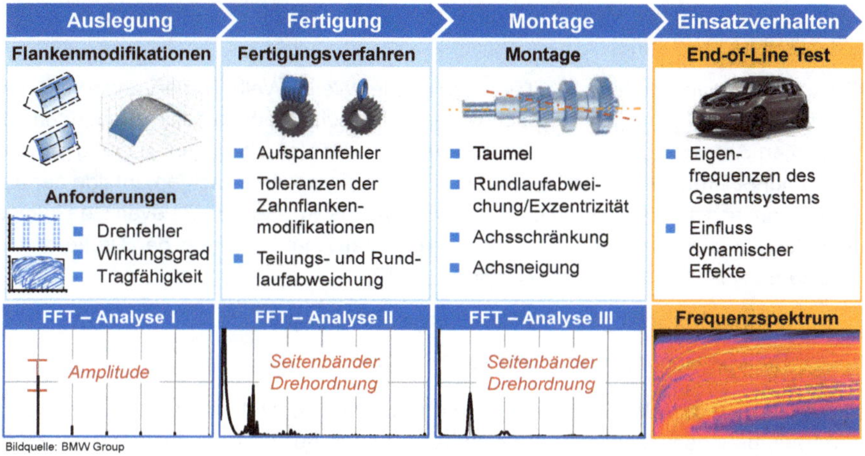

Bild 2-6: Anregungsverhalten infolge fertigungs- und montagebedingter Abweichungen [BREC17]

Excitation Behavior as a Result of Deviations Caused by Manufacturing and Assembly [BREC17]

Die Ursache einer fehlerhaften Verzahnungsfertigung kann auf Abweichungen in der Werkzeuggeometrie, der Aufspannung, den Maschinenachsen und ihrer Kinematik sowie der Prozessauslegung zurückgeführt werden. Die Toleranzen und Abweichungen aus der Montage heraus ergeben eine aufsummierte Abweichung, die veränderliche Abweichungen je Zahnkontakt zur Folge hat und demnach gegenüber der Nennauslegung abweichende Zahneingriffsverhältnisse aufweist. Daraus resultieren Nachteile im Hinblick auf das Einsatzverhalten. In der Getriebeakustik werden Einzahlkennwerte der gemittelten Amplituden des Ordnungsspektrums zur objektiven Beschreibung der Anregung ausgewertet. Rundlauf- und Teilungsabweichung sowie ein Taumel der Verzahnung bewirken eine Modulation der Anregung, welche sich in ausgeprägten Seitenbänder zu den Zahneingriffsordnungen und Drehordnungen und deren Harmonischen äußern [LAND03].

Durch die Anregungscharakteristik resultierend aus der gefertigten Verzahnungsgeometrie und den Betriebsbedingungen der Zahnradstufe können störende Einflüsse auf das schwingungsfähige Gesamtsystem identifiziert werden. Die Anregungen in Zahneingriffsfrequenz, Wellendrehfrequenz sowie deren Seitenbänder sind drehzahlabhängig. Demnach führt eine Erhöhung der Drehzahl zu einer proportional höheren

Anregungsfrequenz, wie in Bild 2-6 unten rechts qualitativ dargestellt ist. Die Schwingungsanregung aus dem Zahnkontakt beruht auf den in Kapitel 2.1.1 zusammengefassten Anregungsmechanismen [SALJ87, WECK92].

Für die Zahnradherstellung ist eine zuverlässige Kontrolle der gefertigten Qualität von großer Bedeutung [GOCH03, LAND03]. Die Zahnradmessung wird im Fertigungsprozess zur Ableitung von Maschinenkorrekturen und somit zur Prozesssteuerung eingesetzt [THOM02, KLIN08].

Bei der Auslegung weiterer Maschinenelemente (Welle, Welle-Nabe-Verbindung, Lager o.Ä.) wird auf gängige analytische oder numerische Methoden zurückgegriffen. Im gesamten Antriebsstrang und insbesondere bei der Verzahnungsauslegung ist aufgrund hoher Drehzahlen verstärkt auf Fertigungstoleranzen zu achten. Infolge der hohen dynamischen Zusatzkräfte ist zusätzlich das Auswuchten von Relevanz, da infolge von Rundlaufabweichungen eine Verstärkung der Anregungen in der Drehordnung und deren Höherharmonischen auftritt [SCHL10].

2.1.4 Drehzahlabhängige Verzahnungsanregung

Speed-Dependent Gear Excitation

Die Anregungscharakteristik einer durch die Montage bedingten abweichungsbehafteten Verzahnungsausrichtung oder einer fehlerhaften Aufspannung während der Fertigung unterscheidet sich zu der einer mit Abweichung gefertigten Flankenmodifikation hinsichtlich der auftretenden Wellenlänge. Zu dieser, im Vergleich zum Zahneingriff, langwelligen Anregung kann ein Taumel, eine Exzentrizität sowie eine über den Umfang des Zahnrades veränderliche Teilungsabweichung führen. Der Zusammenhang zwischen den Abweichungen und dem resultierenden Anregungsverhalten ist in einer theoretischen Betrachtung in Bezug auf die praktischen Anwendungsfälle in **Bild 2-7** dargestellt.

Der Fokus der Verzahnungsauslegung eines Fahrzeuggetriebes mit einem konventionellen Verbrennungsmotor liegt hauptsächlich im vergleichsweise niedrigen Drehzahlbereich. Das in Bild 2-7 dargestellte Frequenzspektrum zeigt für den Anwendungsfall eines Standard- und eines Elektroantriebes einen repräsentativen Drehzahlbereich [SCHA09, PUCH12]. Weiterhin sind die für die Anregung verantwortlichen Ursachen dargestellt und im Diagramm die ersten vier Zahneingriffsfrequenzen bzw. -ordnungen gemäß **Gleichung (2-1)** und die ersten vier Drehordnungen gemäß **Gleichung (2-2)** qualitativ für eine Getriebestufe mit einer Übersetzung von $i = -z_2/z_1 = -{}^{36}/_{25}$ aufgetragen. Dabei erfolgt die Ermittlung der harmonischen Frequenzen über den Faktor x.

$$x.f_z = x \cdot n_1 \cdot z_1 = x \cdot n_2 \cdot z_2 \qquad \textbf{(2-1)}$$

$$x.f_w = x \cdot n \qquad \textbf{(2-2)}$$

Der Drehzahlbereich des Antriebes erstreckt sich bei konventionellen Personenkraftwagen (Pkw) mit Verbrennungsmotoren bis ca. $n_{An} = 5.000$ bzw. $6.000\ \text{min}^{-1}$

[PUCH12]. Elektromotoren hingegen können mit schnelllaufenden Getrieben Drehzahlen von über n_{An} = 20.000 min^{-1} erreichen [SCHA09]. Getriebe, die im Nennbetrieb den Drehzahlbereich des konventionellen Verbrennungsmotors verlassen (n_{An} > 5.000 min^{-1}), werden in dieser Arbeit unter dem Begriff schnelllaufend verstanden.

Für den genannten Drehzahlbereich ist der für das menschliche Gehör wahrnehmbare Frequenzbereich zwischen f = 16 bis 16.000 Hz logarithmisch dargestellt [KLOC17]. Weiterhin ist der besonders sensitive Frequenzbereich in Form der A-Bewertung hervorgehoben. Durch diese Art der Bewertung bzw. Gewichtung des Frequenzbereiches wird der Frequenzgang des menschlichen Gehörs bei Geräuschmessungen berücksichtigt.

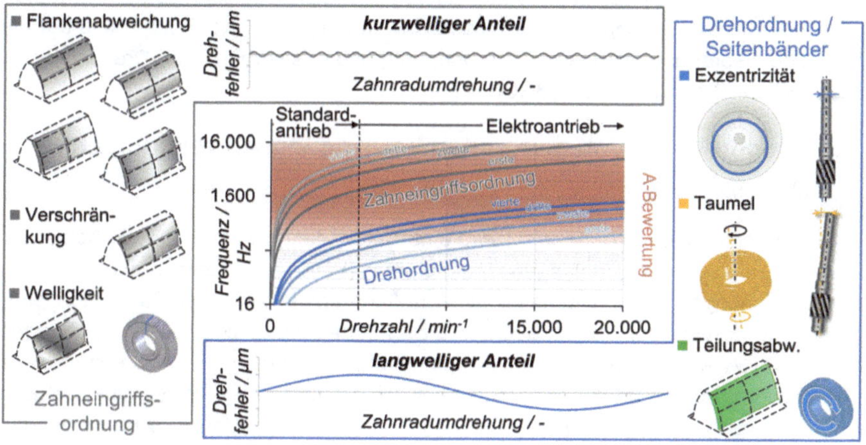

Bild 2-7: Einflüsse von Abweichungen auf das Anregungsverhalten schnelllaufender Getriebe nach [BREC17]

Influences of Deviations on the Excitation Behavior of High-Speed Gearboxes acc. to [BREC17]

Wird die Schnittmenge dieser Bereiche betrachtet, ist festzustellen, dass die Zahneingriffsordnungen des Getriebes für den Drehzahlbereich des Verbrennungsmotors in den sensitiven Bereich fallen. Die in Kapitel 2.1.1 beschriebene Weganregung resultiert aus der Formabweichung der Zahnflanke und beeinflusst die Amplitude dieser Zahneingriffsordnungen. Für eine in der Zahneingriffsordnung geräuscharme Verzahnungsauslegung ist demnach die hohe Qualität der Flankenform die Hauptanforderung. [BREC17]

Weist die Formabweichung der Zahnflanke Welligkeiten auf, die fertigungsbedingt auf Vorschubmarkierungen und Schwingungen im Herstellprozess der Verzahnung zurückzuführen sind, so bewirken diese eine Anregung höherer Zahneingriffsordnungen, periodisch zur Welligkeit auf der Zahnflanke [SALJ87]. Aus diesem Grund können Ordnungen oberhalb der in Bild 2-7 eingetragenen vierte Zahneingriffsordnung eine höhere Anregungsamplitude aufweisen als die der ersten Zahneingriffsordnung.

Bild 2-7 zeigt darüber hinaus den relevanten Frequenzbereich für schnelllaufende Getriebe und die sich damit verschiebende Relevanz von Abweichungen im Zahnkontakt. Werden die höheren Drehzahlen für den Anwendungsfall der Elektroantriebe betrachtet, so ist festzustellen, dass die auftretenden kurzwelligen Anregungen bei maximaler Drehzahl lediglich hinsichtlich der ersten Zahneingriffsordnung ins Gewicht fallen und mit zunehmender Drehzahl außerhalb des wahrgenommenen Bereiches liegen. Demgegenüber liegen die Drehordnung und die Höherharmonischen derer im Bereich von f = 500 bis 4.000 Hz und damit im sensitiven Bereich des menschlichen Gehörs. Da in Elektrofahrzeugen der gesamte Drehzahlbereich bei der Beschleunigung durchfahren wird, ist im Auslegungsprozess für diesen Anwendungsfall sowohl der Fokus auf die Zahneingriffsordnungen zu legen als auch, aufgrund des verbreiterten Drehzahlbereiches, auf die Drehordnungen. [BREC17]

2.2 Beschreibung von genormten Verzahnungsabweichungen

Description of Standardized Gear Deviations

In Anlehnung an die VDI/VDE 2608 wird eine Unterteilung der Anregung in Abhängigkeit der auftretenden Wellenlängen vorgenommen [VDI01]. Dementsprechend werden die Abweichungen, die im Gesamtsignal eine Änderung in der ersten Zahneingriffsfrequenz und darüber zur Folge haben, in dieser Arbeit als kurzwellige Abweichungen bezeichnet. Abweichungen, die den Frequenzbereich unterhalb dieser Grenzfrequenz beeinflussen, werden unter den Begriff langwellige Abweichungen zusammengefasst. Auf die jeweiligen für diese Arbeit relevanten Abweichungsarten wird im Folgenden eingegangen.

2.2.1 Kurzwellige Abweichungen

Short-Wave Deviations

Kurzwellige Anregungen resultieren aus Abweichungen von den idealen Geometrieverhältnissen im Einzelzahnkontakt bzw. aus den in Kapitel 2.1.1 beschriebenen Effekten, welche mit der Mikrogeometrie zusammenhängen. Die Mikrogeometrie oder auch Flankenmodifikation bzw. -abweichung ist in den Normen DIN 3962, DIN ISO 21771 sowie DIN ISO 1328-1 definiert und ihrem Verlauf auf der Flanke entsprechend eingeteilt [DIN78b, DIN78d, ISO14, ISO18]. Die Bezeichnungen und die Wahl der Symbole der Modifikationen in dieser Arbeit erfolgen im Wesentlichen in Anlehnung an die DIN ISO 21771 [ISO14].

Profil-Abweichungen beschreiben Änderungen des Evolventenprofils entlang der Zahnhöhe, während die Flankenlinien-Abweichungen Änderungen der Geometrie in

Breitenrichtung beschreiben. Es wird je Linienabweichung zwischen Winkelabweichungen, Balligkeiten sowie Rücknahmen unterschieden, vgl. **Bild 2-8**. Darüber hinaus erfolgt die Bewertung der Form- und Gesamtabweichung. [ISO14, ISO18]

Der einzustellende Betrag der Korrekturen hängt von vielen Parametern ab und wird im Auslegungsprozess definiert, vgl. Kapitel 2.1.3. Mithilfe der Korrekturen können Eingriffsstörungen vermieden, das Anregungsverhalten verbessert, das Tragbild gezielt eingestellt und die Tragfähigkeit sowie der Wirkungsgrad gesteigert werden [KLOC17]. Die Gemeinsamkeit der genannten Abweichungen besteht darin, dass sie entweder in Stirnprofil- oder Flankenrichtung konstant auftreten. Diese Arten werden oftmals unter den Begriff Standardmodifikationen zusammengefasst [BREC15].

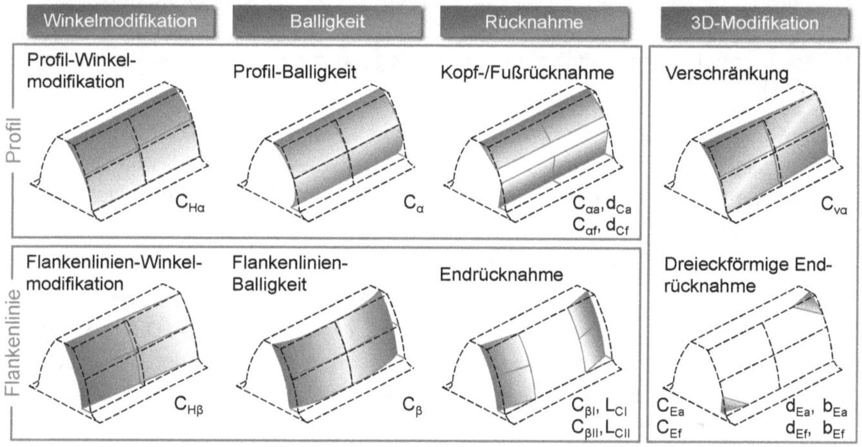

Bild 2-8: Flankenkorrekturen und -abweichungen nach [ISO14, BERG18]
Flank Corrections and Deviations acc. to [ISO14, BERG18]

Über die zweidimensionalen Modifikationen bzw. Korrekturen hinaus existieren dreidimensionale Flankenflächen-Modifikationen. Neben der Verschränkung, die in der DIN ISO 21771 als Schränkung bezeichnet wird, zählen hierzu dreieckförmige Endrücknahmen, die durch Begrenzungslinien am Kopf bzw. Fuß, dem seitlichen Verzahnungsrand und einer Verbindungslinie beschrieben werden. Darüber hinaus können über ein Gitter auf der Zahnflanke topologische bzw. freie Flankenmodifikationen (gemäß Norm topografische Modifikationen) definiert werden. [ISO14]

Die Verschränkung kann als Verwindungen der Flanke verstanden werden, bei der zwei diagonal gegenüberliegende Eckpunkte der Zahnflanke vor- und die anderen beiden relativ zur Evolvente zurückstehen [HELL15]. Alternativ kann die Verschränkung als eine linear über die Verzahnungsbreite veränderliche Profil-Winkelabweichung oder über die Verzahnungshöhe veränderliche Flankenlinien-Winkelabweichung verstanden werden.

Neben dem Einsatz als Modifikation, bei der die Verschränkung durch angepasste Prozessparameter gezielt eingestellt wird, kann eine Verschränkung auch das Produkt des unkompensierten Profil- oder Wälzschleifprozesses sein. Diese in dem Fall als natürliche Verschränkungen genannte Abweichung weist neben dem gewählten Fertigungsverfahren auch eine Abhängigkeit der Verzahnungsgeometrie wie der Flankenlinien-Balligkeit bei Schrägverzahnungen auf. Sofern konventionelle Fertigungsverfahren eingesetzt werden, ist dieser nicht unerhebliche Einfluss auf die gefertigte Flanke in der Auslegung einzubeziehen. [HELL15]

Diesen Aspekt hat HELLMANN in seiner Arbeit adressiert, in der er eine Methodik zur Auslegung von Zahnflankenmodifikationen unter Berücksichtigung von Fertigungsabweichungen herleitet. Durch die Integration der entwickelten geometriebasierten Berechnungsmethode in die Zahnkontaktanalyse können fertigungsbedingte Abweichungen der Zahnflanken zeiteffizient im Auslegungsprozess berücksichtigt werden. [HELL15]

Die in Kapitel 2.2.1 genannten Welligkeiten sind in der VDI/VDE 2607 hinsichtlich der Profil-Welligkeit $f_{w\alpha}$ und der Wellenlänge $\lambda_{f\alpha}$ beschrieben [VDI00]. Die von GRAVEL entwickelte Methode befähigt dazu, akustisch kritische Welligkeiten frühzeitig zu erkennen [GRAV09].

Für die Klassifizierung der Qualität für Stirnradverzahnungen der Standardmodifikationen ist ein Verzahnungstoleranzsystem in der DIN Reihe 3961, 3962 und 3963 sowie in der DIN ISO 1328-1 vereinheitlicht [DIN78b, DIN78a, DIN78e, DIN78d, ISO18]. Beide Toleranzsysteme basieren auf geometrischen Aspekten der Herstellbarkeit, weshalb die Abstufung in Abhängigkeit geometrischer Kenngrößen (z.B. Modul, Teilkreisdurchmesser, Zahnbreite) erfolgt. Gemäß der zurückgezogenen, aber dennoch häufig herangezogenen DIN 3962-1 wird beispielsweise die Toleranz der Profil-Winkelabweichung in diskreten Tabellen in Abhängigkeit des Teilkreisdurchmessers d, des Normalmoduls m_n sowie der geforderten Verzahnungsqualitätsstufe festgelegt [DIN78d]. Der DIN 3962-2 zufolge erfolgt die Tolerierung der Flankenlinien-Winkelabweichungen in Abhängigkeit der Verzahnungsbreite auf analoge Weise [DIN78b]. Die derzeit gültige DIN ISO 1328-1 gibt zur Ermittlung der zulässigen Toleranzgrenze der Profil-Winkelabweichung $C_{H\alpha}$ (gemäß Norm $f_{H\alpha T}$, gem. **Gleichung (2-3)**) und der Flankenlinien-Winkelabweichung $C_{H\beta}$ (gemäß Norm $f_{H\beta T}$, gem. **Gleichung (2-4)**) für die korrelierende Verzahnungsqualitätsstufe A die folgenden Zusammenhänge an [ISO18]:

$$f_{H\alpha T} = (0{,}001 \cdot d + 0{,}4 \cdot m_n + 4) \cdot (\sqrt{2})^{(A-5)} \qquad \textbf{(2-3)}$$

$$f_{H\beta T} = (0{,}05 \cdot \sqrt{d} + 0{,}35 \cdot \sqrt{b} + 4) \cdot (\sqrt{2})^{(A-5)} \qquad \textbf{(2-4)}$$

Eine Definition der Verschränkung ist sowohl in der VDI/VDE 2607 als auch in der DIN ISO 21771 zu finden [VDI00, ISO14]. Die Definition dieser Größe ist jedoch auf die Spannweite bezogen und unterscheidet lediglich eine Profil-Verschränkung und eine Flankenlinien-Verschränkung. So wird in der VDI/VDE 2607 die Profil-Verschränkung $R_{CH\alpha}$ bzw. Flankenlinien-Verschränkung $R_{CH\beta}$ (gemäß VDI/VDE-Richtlinie $R_{fH\alpha}$ und $R_{fH\beta}$) durch die Subtraktion der minimalen von der jeweiligen maximalen Winkelabweichung der Zahnflanke definiert [VDI00]. Auf analoge Weise erfolgt die Berechnung in der DIN ISO 21771, bei der eine Betragsbildung des Ergebnisses durchgeführt wird und somit eine Unterscheidung zwischen absolutem Maximum und Minimum nicht notwendig ist [ISO14]. Basierend auf diesem Vorgehen und der isolierten Betrachtung des Betrages ohne Berücksichtigung des Vorzeichens ist die Unterscheidung der Verschränkungen resultierend aus unterschiedlichen Verzahnungsschleifverfahren aufgrund der fehlenden Information der Orientierung der Verschränkung nicht eindeutig möglich. Dieses Defizit hat HELLMANN in seiner Arbeit behoben. Die Entwicklung eines Toleranzsystems und eine funktionale Bewertung der Verschränkung stellen jedoch weiterhin ein Defizit dar. [HELL15]

2.2.2 Langwellige Abweichungen

Long-Wave Deviations

Unter langwelligen Abweichungen sind alle Abweichungen zu verstehen, die zu veränderlichen Kontaktverhältnissen über dem Zahnradumfang führen, wie etwa im Fall einer Rundlaufabweichung bzw. einer Exzentrizität, eines Taumels oder von veränderlichen Teilungsabweichungen. Von der Betrachtung explizit ausgenommen werden an dieser Stelle über den Umfang veränderliche Mikrogeometrieschwankungen, die keiner Systematik oder Periodizität folgen.

Rundlaufabweichung

Bei der Rundlaufprüfung handelt es sich um die am häufigsten verwendete Prüfmethode in der Verzahnungsmessung, bei der durch das Einlegen eines Prüfkörpers (Kugel, Zylinder, Amboss) anhand des Abstandes zwischen dem Prüfelement und der Mittelachse des Zahnrades zuvor festgelegte Größen ermittelt werden [KLOC17]. Für die Ermittlung der Einzelwerte r_i berührt das Tastelement sowohl die rechte als auch die linke Flanke im Bereich des Teilkreisdurchmessers d. Zusätzlich besteht die Möglichkeit, die Rundlaufabweichung F_r über die Messung der Einzelwerte der Teilungs-Einzelabweichungen f_{pi} rechnerischen zu bestimmen. Allerdings können die Ergebnisse einer Messung gewöhnlich leicht unterschiedliche Ergebnisse gegenüber den Werten, die mittels einer Teilungsmessung ermittelt werden, liefern. [ISO18]

In **Bild 2-9** sind neben der Vorgehensweise der Messung die geometrischen Zusammenhänge einer Rundlaufabweichung F_r unter Verwendung einer Tastkugel mit dem Durchmesser d_{MK} abgebildet. Die Rundlaufabweichung F_r ist gemäß DIN 3962-1 (ersetzt durch DIN ISO 1328-1) als Differenz zwischen der kleinsten und größten radialen Einzelmessung r_{max} und r_{min} definiert [DIN78d, ISO18]. Dabei kann der einfach-periodische Verlauf der Kurve, der mit der Methode der kleinsten Quadrate berechnet wird, die Außermittigkeit f_e der Zähne zur Bezugsachse angeben [ISO96].

Die ehemals tabellarische Grenzwertdefinition der Toleranzvorgaben ist in Abhängigkeit des Teilkreisdurchmessers d, des Normalmoduls m_n sowie der geforderten Verzahnungsqualitätsstufe A durch die **Gleichung (2-5)** zur Ermittlung der zulässigen Rundlaufabweichung F_{rT} ersetzt worden [ISO18].

$$\begin{aligned} F_{rT} &= 0{,}9 \cdot F_{pT} \\ &= 0{,}9 \cdot (0{,}002 \cdot d + 0{,}55 \cdot \sqrt{d} + 0{,}7 \cdot m_n + 12) \cdot (\sqrt{2})^{(A-5)} \end{aligned} \tag{2-5}$$

Um die Achslagenausrichtung eines Zahnrades zu erfassen, wird die Rundlaufabweichung F_r in zwei Ebenen gemessen und mithilfe des Zentriwinkels φ_e ermittelt. Dieser beschreibt die Phasenlage zwischen den Maxima oder Minima der vorder- und rückseitigen Außermittigkeiten f_{eV} und f_{eR} im Bogenmaß. Hierbei kann zwischen drei Fällen unterschieden werden:

1. $\varphi_e = 0$ und $f_{eV} \neq f_{eR}$
2. $\varphi_e = 0$ und $f_{eV} = f_{eR} \neq 0$
3. $\varphi_e \neq 0$ oder $\varphi_e \neq 180°$

Für den ersten Fall liegt der Schnittpunkt weit außerhalb des Radkörpers und es liegt eine überlagerte Abweichung eines Taumelwinkels und einer Exzentrizität vor. Der zweite (Sonder-)Fall $\varphi_e = 0$ und $f_{eV} = f_{eR} \neq 0$ beschreibt den Zustand einer reinen Exzentrizität, bei der die Zahnradmittellinie und die Drehachse parallel zueinander liegen. Im letzten Fall $\varphi_e \neq 0$ oder $\varphi_e \neq 180°$ sind die Achsen windschief. Hierbei liegt eine phasenversetzte Exzentrizität mit einem Taumel ohne Schnittpunkt vor. [DIN87]

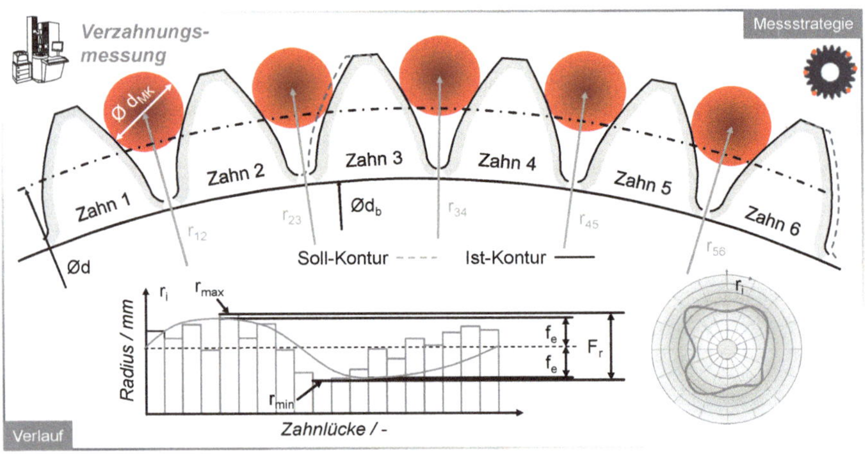

Bild 2-9: Ermittlung der Rundlaufabweichung F_r gemäß [ISO96, ISO18]
Determination of the Runout F_r acc. to [ISO96, ISO18]

Auf die beiden Abweichungsarten Exzentrizität und Taumel wird im Folgenden detaillierter eingegangen. Es werden die normtechnischen Definitionen und Limitierungen herausgestellt.

Exzentrizität

Eine Exzentrizität ist eine parallele Verschiebung der Rotationsachse zur Zahnradmittellinie. Um die Abweichung eindeutig der Exzentrizität zuordnen zu können, kann eine Rundlaufmessung an der Vorder- und Rückseite (V und R) durchgeführt werden. Ist der daraus ermittelte Zentriwinkel $\varphi_e = 0$ und somit die vordere und rückseitige Außermittigkeit f_{eV}/f_{eR} phasengleich, liegt eine reine Exzentrizität vor, vgl. **Bild 2-10**. [DIN80, DIN87]

Der Betrag der Exzentrizität f_e lässt sich aus dem Messwerteverlauf der Einzelwerte r_i durch Bestimmung des Sinus-Anteils der ersten Ordnung ermitteln. Der Höchstwert der zulässigen Exzentrizität f_e erfolgt unmittelbar über die Toleranzgrenze der Rundlaufabweichung F_{rT}, gemäß Gleichung (2-5) [ISO18].

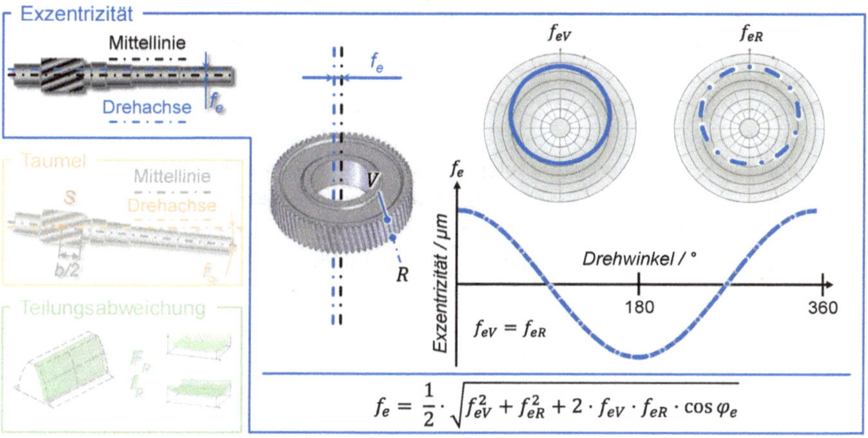

Bild 2-10: Ermittlung einer Exzentrizität f_e durch Messung der Außermittigkeiten f_{eV}/f_{eR} gemäß DIN 3960 [DIN80, DIN87]

Determination of an Eccentricity f_e by Measuring the Eccentricities f_{eV}/f_{eR} acc. to DIN 3960 [DIN80, DIN87]

Taumel

Ein Taumel ist gemäß der DIN 3960 eine Lageabweichung in Form eines angularen Versatzes des Bezugszylinders der Verzahnungsachse zur Führungsachse des Zahnrades [DIN80, DIN87]. Diese Form der Lageabweichung führt zu phasenversetzten, periodisch ausmittelnden Kurven der Außermittigkeiten bzw. Rundlaufabweichung F_r an der der Vorder- und Rückseite der Verzahnung, vgl. **Bild 2-11**. Eine reine Taumelabweichung ohne zusätzliche Exzentrizität der Verzahnung liegt dann vor, wenn der Schnittpunkt S der Zahnradmittellinie und der Drehachse in der Verzahnungsmitte auf der halben Verzahnungsbreite b liegt.

Aus der in der Norm beschriebenen Definition des Taumels geht keine eindeutige Tolerierung dieser Abweichungsgröße hervor. Der Taumel kann folglich nur indirekt durch die maximal zulässigen Abweichungsgrößen Rundlaufabweichung F_r oder weitere Abweichungskenngrößen toleriert werden, die durch den Taumel beeinflusst werden. Demnach kann auf die zuvor beschriebene Tolerierung der Rundlaufabweichung F_r oder ggf. auf die in Kapitel 2.2.1 beschriebenen Abweichungsarten eine geforderte Verzahnungsqualitätsstufe festgelegt werden.

Für den Taumel beschreibt die VDI/VDE 2607 anhand von mindestens drei gemessenen Profil- bzw. Flankenlinien-Winkelabweichung die Ermittlung des Wertes und der Lage des Maximums der jeweiligen Abweichung. Die Bestimmung der Größen erfolgt über die Annahme der einfach-periodisch veränderlichen Winkelabweichung über dem Umfang des Zahnrades. [VDI00]

Für den Tragfähigkeitsnachweis der Zahnflanke und des Zahnfußes wird in der ISO 6336-1 mithilfe des Breitenfaktors $K_{H\beta}$ bzw. $K_{F\beta}$ die in Breitenrichtung ungleichmäßige Verteilung der Belastung auf den Einzelzahn über die wirksame Flankenlinien-Abweichung $F_{\beta y}$ berücksichtigt [ISO19]. Im Hinblick auf das Anregungsverhalten sind keine expliziten Vorgaben für den Taumel genannt. Indirekt besteht die Möglichkeit, Grenzwerte des zulässigen Drehfehlers bei Durchführung der Einflanken-Wälzprüfung zu definieren, da diese eine Störung der idealen Drehübertragung verursacht [VDI01]. Hierfür ist allerdings die genaue Kenntnis des Zusammenhangs zwischen Abweichungsbetrag und Anregungsamplitude und -charakteristik notwendig.

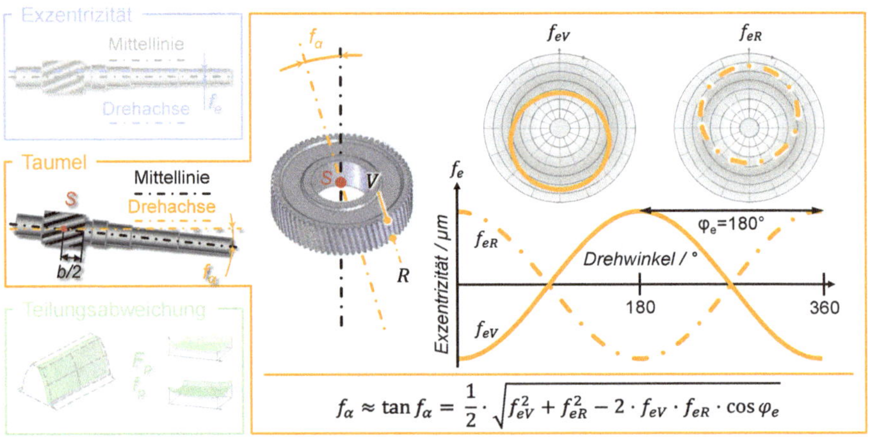

Bild 2-11: Ermittlung des Taumelwinkels f_α durch Messung der Außermittigkeiten f_{eV}/f_{eR} gemäß DIN 3960 [DIN80, DIN87]

Determination of the Wobble Angle f_α by Measuring the Eccentricities f_{eV}/f_{eR} acc. to DIN 3960 [DIN80, DIN87]

Teilungsabweichung

Der Abstand von zwei aufeinanderfolgenden Flanken wird durch die Teilung p beschrieben. Die auf den Teilkreisdurchmesser bezogene Teilung p_t ist laut **Gleichung (2-6)** wie folgt definiert:

$$p_t = \pi \cdot \frac{d}{z} = \pi \cdot \frac{m_n}{cos\beta} \quad \textbf{(2-6)}$$

Beide Flankenseiten werden hinsichtlich der Teilungsmessung unabhängig voneinander erfasst. Um ein Abwälzen einer Radpaarung gemäß des Verzahnungsgesetzes gewährleisten zu können, müssen beide Teilungen entsprechend **Gleichung (2-7)** identisch sein.

$$p_{1t} = p_{2t} = p_t \quad \textbf{(2-7)}$$

Diese Vorgabe ist bei der Tolerierung zu berücksichtigen. Eine zu große Abweichung gegenüber der Nennauslegung kann im ungünstigsten Fall zum Klemmen im späteren Betrieb führen.

Die Gründe für eine Abweichung der Teilung können in einer fehlerhaften Aufspannung des Werkstückes oder des Werkzeuges bei der Fertigbearbeitung der Verzahnung liegen [LINK96]. Weiterhin können Werkzeugverschleiß oder Fehler in der Maschinenkinematik zu Teilungsabweichungen führen [WECK01].

Die Teilungsabweichung bzw. Kreisteilungsabweichung beschreibt den Fehlbetrag, der auf einem zur Zahnradmittelachse kollinear liegenden Messkreisdurchmesser d_M zwischen verschiedenen Zahnflanken ermittelt wird. Die Teilungsabweichung wird entsprechend der DIN ISO 1328-1 anhand von verschiedenen Kenngrößen charakterisiert. Die Einzelwerte der Teilungs-Einzelabweichung f_{pi} beschreiben die Abweichung zur idealen Teilung durch geometrische Messung der Strecke der Links- bzw. Rechtsflanken zwischen zwei benachbarten Zähnen, vgl. **Bild 2-12**. [ISO18]

Demnach ergeben sich für die Einzelwerte f_{pi} bei einer Zahnradmessung für beide Flankenseiten in Summe eine entsprechend der Zähnezahl doppelte Anzahl an Einzelwerten. Ist die Distanz auf einem konstanten Messkreisdurchmesser d_M zweier benachbarter Zähne für die gleichen Flankenseiten größer als die theoretische Stirnteilung p_{tM}, so ist der Wert positiv – ist der Abstand geringer, so ist der Wert negativ definiert. Darauf aufbauend wird für die linke wie auch rechte Flanke die Teilungs-Einzelabweichung f_p durch die Ermittlung des maximalen Absolutwertes aller Einzelwerte der Teilungs-Einzelabweichungen f_{pi} bestimmt. Die maximale Differenz zweier benachbarter Einzelwerte der Teilungs-Einzelabweichungen f_{pi} wird über den Teilungssprung f_u angegeben. Statt der Messung aller Einzelwerte der Teilungs-Einzelabweichung f_{pi} kann, um den Messaufwand zu reduzieren, die Teilung über eine Anzahl von Teilungen n gemessen und evaluiert werden [LINK96].

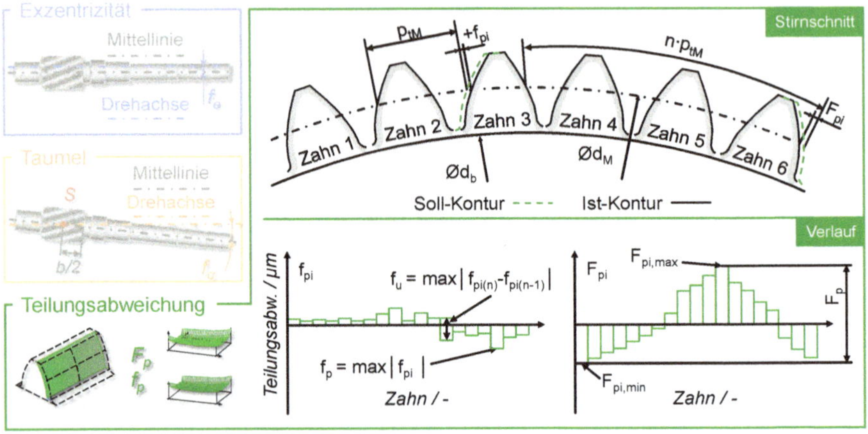

Bild 2-12: Kenngrößen der Teilungsabweichung [ISO18]

Parameters of the Pitch Deviation [ISO18]

Eine fortlaufende Summierung der Einzelwerte der Teilungs-Einzelabweichung f_{pi} liefert den Einzelwert der Teilungs-Summenabweichung F_{pi} jeweils für die linke und rechte Zahnflanke. Gemäß **Gleichung (2-8)** wird die Teilungs-Gesamtabweichung F_p als Differenz der Extremwerte der Teilungs-Summenabweichung F_{pi} unter Berücksichtigung der Vorzeichen berechnet.

$$F_p = |F_{pi,max} - F_{pi,min}| \tag{2-8}$$

Ein periodischer Verlauf dieser Abweichung tritt häufig bei kontinuierlichen Verzahnungsprozessen auf, wie beispielsweise dem Wälzschleifen, wohingegen ein quasistochastischer Verlauf eher bei diskontinuierlichen Verfahren, wie dem Profilschleifen zu erwarten ist [WECK01].

Die zurückgezogene DIN 3962-1 klassifiziert absolute Toleranzvorgaben der Teilungs-Einzelabweichungen f_p und der Teilungs-Gesamtabweichungen F_p analog zur Rundlaufabweichung F_r in tabellarischer Form. Die absoluten Grenzwerte wiederum hängen von geometrischen Größen wie dem Normalmodul m_n und dem Teilkreisdurchmesser d ab und werden in zwölf Klassen eingeteilt. Eine Limitierung des Teilungssprunges f_u wird anhand von diskreten Stufen der maximal zulässigen Werte vorgenommen. [DIN78d]

Die aktuell gültige und die DIN 3962-1 ablösende DIN ISO 1328-1 definiert die Toleranzwerte für die Teilungs-Einzelabweichung f_{pT}, die Teilungs-Gesamtabweichung F_{pT} und den Teilungssprung f_{uT} jeweils durch analytische Formeln [DIN78d, ISO18]. Der maximal zulässige Toleranzwert der Teilungs-Einzelabweichung f_{pT} wird anhand der **Gleichung (2-9)** mit der geforderten Flankentoleranzklasse A berechnet. Die Längenmaße werden für alle Toleranzgleichungen in der Einheit mm vorgegeben, während das Endergebnis Werte mit der Einheit µm liefert. [ISO18]

$$f_{pT} = (0{,}001 \cdot d + 0{,}4 \cdot m_n + 5) \cdot (\sqrt{2})^{(A-5)} \quad \textbf{(2-9)}$$

Auf ähnliche Weise existieren Vorschriften zur Bestimmung der zulässigen Toleranzwerte der Teilungs-Gesamtabweichung F_{pT} sowie der Toleranz des Teilungssprunges f_{uT}, gem. **Gleichung (2-10)** und **Gleichung (2-11)**. Die Limitierung des Teilungssprunges ist optional im Bedarfsfall vorzunehmen. [ISO18]

$$F_{pT} = (0{,}002 \cdot d + 0{,}55 \cdot \sqrt{d} + 0{,}7 \cdot m_n + 12) \cdot (\sqrt{2})^{(A-5)} \quad \textbf{(2-10)}$$

$$f_{uT} = \sqrt{2} \cdot f_{pT} \quad \textbf{(2-11)}$$

Neben der allgemeinen Begrenzung zulässiger Werte spielen diese hinsichtlich des Einsatzverhaltens eine entscheidende Rolle. Eine Berücksichtigung der Teilungsabweichung erfolgt für die Tragfähigkeit der Zahnflanke und des Zahnfußes eines Stirnrades gemäß ISO 6336-1 im Tragfähigkeitsnachweis [ISO19].

Dies betrifft die Berechnung des Dynamikfaktors K_v nach den Methoden B und C. So fließt die nach dem Einlaufprozess effektive Grundkreisteilungs-Abweichung $f_{pb,eff}$ in den Parameter B_p zur Berücksichtigung der Auswirkung von Verzahnungsabweichungen und Profil-Modifikationen auf die dynamische Zahnkraft ein. [ISO19]

Darüber hinaus beeinflusst die Grundkreisteilungs-Abweichung f_{pb} die Werte der Stirnfaktoren $K_{H\alpha}$ und $K_{F\alpha}$ nach der Berechnungsmethode B. Diese Methode berücksichtigt die Auswirkungen einer ungleichmäßigen Kraftaufteilung auf mehrere, gleichzeitig im Eingriff befindliche Zahnpaare auf die Zahnflanken- und Zahnfußtragfähigkeit. Um den ungünstigsten Lastverteilungsfall abzubilden, ist die größte Teilungsabweichung von Ritzel oder Rad in der Berechnung entscheidend. [ISO19]

Hinsichtlich des Anregungsverhaltens von Stirnradpaarungen sind Toleranzgrenzen für verschiedene Anteile des Drehfehlersignals sowohl in der DIN 3963 als auch in der DIN ISO 1328-1 definiert [DIN78c, ISO18]. Die Vorgabe der Grenzwerte nach der DIN 3963 erfolgt in Abhängigkeit des Teilkreisdurchmessers d und des Moduls m_n für den Einflanken- bzw. Zweiflanken-Wälzsprung, der die Anregung infolge eines Sprungs in der Teilungsabweichung beschreibt, und die Einflanken- bzw. Zweiflanken-Wälzabweichung, welche der Gesamtschwankung des Drehfehlers entspricht, vgl. Kapitel 2.3.1, [DIN78c].

Der DIN ISO 1328-1 folgend werden die Grenzwerte unter anderem anhand des Moduls m_n (Einflanken-Wälzsprungtoleranz) oder basierend auf der Toleranz der Gesamt-Teilungsabweichung (Einflanken-Wälzabweichung) ermittelt. Dabei wird eine Eingrenzung des Anwendungsbereiches anhand diverser Verzahnungskenngrößen vorgenommen. [ISO18]

2.3 Experimentelle Erfassung des Anregungs- und Geräuschverhaltens von Getrieben

Experimental Determination of the Excitation and Noise Behavior of Gearboxes

Eine ganzheitliche Getriebeentwicklung beinhaltet im Idealfall neben der Auslegung und der Fertigung auch die Getriebeuntersuchung. Die Untersuchungen stellen in der industriellen Praxis verkürzte Freigabetests dar, welche entweder nach Unternehmensrichtlinien oder an Klassifikationsgesellschaften angelehnt durchgeführt werden. In einigen Fällen können im späteren Feldeinsatz Abweichungen des Einsatzverhaltens bzw. des Anregungsverhaltens im Vergleich zur Auslegung auftreten. Die verantwortlichen Einflussfaktoren gilt es, in solchen Fällen systematisch experimentell zu untersuchen. [KLOC17]

Die Untersuchungen können beliebig komplex an isolierten Radsätzen, ganzen Baugruppen oder unter applikationsnahen Bedingungen vorgenommen werden. Neben den genormten Verfahren existieren unternehmensspezifische Vorgaben, die für eine Beurteilung des Anregungsverhaltens herangezogen werden. Auf die messtechnischen Aspekte und die Prüfverfahren wird im Folgenden eingegangen. Anschließend werden relevante Erkenntnisse zum Anregungsverhalten aus bestehenden Arbeiten bzgl. der in Kapitel 2.2 beschriebenen Verzahnungsabweichungen zusammengefasst.

2.3.1 Prüfverfahren zur Untersuchung des Anregungs- und Geräuschverhaltens

Test Procedures for the Investigation of the Excitation and Noise Behavior

Entlang der Schallentstehungskette wird im Folgenden zunächst auf standardisierte Prüfverfahren eingegangen, die der Charakterisierung der Verzahnungsanregung dienen. Dabei liegt der Fokus auf die für diese Arbeit relevanten Verfahren: Einflanken- und Betriebs-Wälzprüfung. Anschließend werden allgemeine Prüfverfahren vorgestellt, bei denen das Körperschall- und Luftschallübertragungsverhalten des Getriebes im Fokus stehen. Auf die Beschreibung der Zweiflanken-Wälzprüfung wird aufgrund von abweichenden Betriebsbedingungen und der somit nur bedingten Übertragbarkeit der Messergebnisse auf das resultierende Geräuschverhalten an dieser Stelle verzichtet [VDI01, KLOC17].

Einflanken-Wälzprüfung

Das Ziel der Wälzprüfungen ist die schnelle Erfassung der Auswirkungen aller lastabhängigen und geometrischen Abweichungen der im Eingriff befindlichen Verzahnung auf das Übertragungsverhalten der Radpaarung. Der technische Hintergrund ist die Erfassung von Drehungleichförmigkeiten, die zur Schwingungs- und damit zur Geräuschanregung führen. Bei der Einflanken-Wälzprüfung handelt es sich um ein Summenprüfverfahren, bei dem sämtliche Verzahnungsabweichungen in das Messergebnis einfließen. Während die Einflanken-Wälzprüfung eine Untersuchung im quasi-lastfreien Zustand vorsieht, wird die Betriebs-Wälzprüfung unter (Nominal-)Last durchgeführt. [PLEW92, MARQ95, VDI01, HESS12]

In beiden Prüfverfahren wird die Übersetzungsschwankung zwischen Rad und Ritzel aufgezeichnet. Sie wird im Allgemeinen als Drehfehler, Drehwegabweichung oder Einflanken-Wälzabweichung bezeichnet. Zur messtechnischen Erfassung sind an der Rad- und Ritzelwelle hochauflösende Winkelschrittgeber appliziert, deren sinusförmige Signale in ein TTL-Signal gewandelt werden, welche in einem nachgelagerten Prozessschritt ausgewertet werden. Anschließend wird unter Berücksichtigung des idealen Übersetzungsverhältnisses die Differenz zwischen dem gemessenen und dem theoretischen Drehwinkel des Rades gemäß **Gleichung (2-12)** ermittelt [ISO18].

$$\Delta\varphi(t) = \varphi_2(t) - {}^{z_1}/_{z_2} \cdot \varphi_1(t) \qquad \textbf{(2-12)}$$

Gemäß der VDI/VDE 2608 wird der zu untersuchende Radsatz in der Solleinbauposition verspannt. Im Fall der Einflanken-Wälzprüfung wird die Verzahnung bei Drehzahlen zwischen n = 5 bis 30 min^{-1} und bei schwachem Bremsmoment zur Sicherstellung eines definierten Kontakts, bei dem kein Einfluss von Schmutzpartikeln oder Ölresten besteht (ca. M = 1 bis 5 Nm), abgewälzt. Die geringe Drehzahl dient der Vermeidung von dynamischen Effekten und strukturmechanischen Schwingungen. [PLEW92, MARQ95, VDI01, HESS12]

Das gemessene Zeitsignal (Drehfehler, Körperschall o.Ä.) ist für gewöhnlich ein Resultat aufsummierter Grundschwingungen. Die Auswertung der über den Zeitverlauf aufgezeichneten Messdaten ist lediglich begrenzt sinnvoll, da die Frequenzzusammensetzung des Signals nicht unmittelbar erkennbar ist. Aus diesem Grund wird die Fast Fourier Transformation (FFT) angewendet. Dabei wird das aufgezeichnete Signal abgetastet und in die einzelnen Grundschwingungen zerlegt. Die Abtastrate muss dabei mindestens der doppelten höchsten Frequenz des Messsignals entsprechen, da andernfalls durch den Alias-Effekt keine korrekte Auswertung erfolgen kann [BURN01].

Eine Darstellungsform der Frequenzanalyse ist das Frequenzspektrum, bei dem die Amplitude über der Frequenz aufgetragen wird und welches sich insbesondere für die Untersuchung von Eigenfrequenzen anbietet. Die in der Antriebstechnik verwendete Alternative ist die Ordnungsanalyse. Dabei wird durch die Normierung der Frequenzachse auf eine Referenzdrehzahl ein Ordnungsbezug hergestellt. Das Ordnungsspektrum bietet sich insbesondere bei Messungen mit veränderlicher Drehzahl an, da infolge der Normierung drehzahlproportionale Frequenzen dieselbe Ordnung aufweisen. Beide Darstellungsformen enthalten die identischen Informationen. Eine gesonderte Darstellungsform sind die sogenannten Ordercuts. Diese bei konstanten Ordnungen entnommenen Schnitte können aus beiden Spektren gewonnen und in einem 2D-Diagramm dargestellt werden. Somit können erst in den Spektren kritische

Anregungen identifiziert und anschließend mithilfe der Schnitte tiefgehender analysiert werden. [KLOC17]

Kenngrößen zur Charakterisierung des Geräuschverhaltens einer Zahnradpaarung anhand des Drehfehlerverlaufes liefert die VDI/VDE 2608. Die Einflanken-Wälzabweichung F'_i beschreibt die Differenz des globalen Maximums und Minimums im Drehfehlerverlauf aller gemessenen Teilungen. Weiterhin wird das Gesamtsignal in zwei Anteile aufgeteilt - einem kurzwelligen und einem langwelligen Anteil. Für die Bestimmung des kurzwelligen Anteils werden die erste Zahneingriffsfrequenz sowie jegliche darüber liegenden Frequenzen betrachtet. Die maximale Differenz zwischen den Extrema dieses gefilterten Signals wird für die Bestimmung des kurzwelligen Anteils f'_k herangezogen. [VDI01]

Das Pendant zum kurzwelligen Anteil bildet der langwellige Anteil f'_l. In diesem Fall werden jegliche Anteile unterhalb bis ausschließlich der ersten Zahneingriffsordnung im Zeitbereich berücksichtigt und ebenfalls die Spannweite des auf diese Weise gefilterten Drehfehlersignals ermittelt. So können unter anderem die Auswirkungen von Abweichungen wie Rundlaufabweichung, Taumel und Teilungsabweichung bestimmt werden. [VDI01]

Für die Bestimmung des Einflanken-Wälzsprungs f'_i wird das Gesamtsignal im Zeitbereich herangezogen und jede Teilung individuell betrachtet. Innerhalb dieser Bereiche werden die Differenzen der lokalen Maxima und Minima ermittelt. Der Einflanken-Wälzsprung wird für die Teilung mit der maximalen Differenz und dem zugehörigen Betrag ermittelt. Anhand dieser Kenngröße kann insbesondere der Einfluss von Sprüngen in der Teilungsabweichung auf das Anregungsverhalten untersucht und die impulshaltige Schwingungsüberhöhung im Signal detektiert werden. [VDI01]

Der Drehfehler kann in Form eines Winkels oder als Bogenlänge angegeben werden. Für die Umrechnung ist die Vorgabe eines Bezugsdurchmessers notwendig, wobei oftmals entweder der Teilkreisdurchmesser oder der Grundkreisdurchmesser verwendet wird. Der Absolutwert kann ferner durch einen Bezugswert in eine Pegeldarstellung überführt werden, analog zu Geräuschkenngrößen, bei denen der gemessene Schalldruck bzw. Körperschall auf einen Pegel bezogen dargestellt wird. [VDI01]

Körperschall- und Luftschalluntersuchung

Ausgehend von der Anregungsquelle – dem Zahnkontakt – breiten sich die entstandenen Schwingungen über den Transferpfad bis an die Gehäuseoberfläche und anschließend von dieser über den Luftschall aus. Zur Beurteilung des Geräuschverhaltens stellt die Körperschall- und Luftschallprüfung ein weiteres objektives Messverfahren dar. [CARL14]

Anders als bei der Wälzprüfung, bei der die Qualität der Radsätze anhand geometrischer Abweichung im Zahneingriff bewertet wird, liegt der Fokus bei der Körperschallprüfung auf der Ermittlung der auftretenden Beschleunigungskräfte und bei der Luftschallmessung auf der Erfassung der Luftdruckschwankung um den statischen Wert.

Auf diese Weise wird nicht der isolierte Zahneingriff beurteilt, sondern der zusätzlich überlagerte Transferpfad des schwingungsfähigen Systems. [KLOC17]

Aufgrund der höheren Drehzahl gegenüber einer Wälzprüfung verkürzen sich die Prüfzeiten. Das erhöhte dynamische Verhalten der Maschinen, des Prüfstandes und des Prüfaufbaus fließt mit in die Messung ein, was bei der Auswertung zu beachten ist. Der Vorteil einer Körperschallmessung besteht im Vergleich zur Luftschallmessung darin, dass umliegende Maschinen in schallharten Räumen keinen Einfluss aufweisen. Für die Messung des Körperschalls und somit der Umwandlung der mechanischen Schwingung in ein elektrisches Signal werden piezoelektrische Beschleunigungsaufnehmer verwendet [GEVA06].

Die Luftschallprüfung bietet sich insbesondere zum Zweck an, das vom menschlichen Gehör aufgenommene Geräusch zu untersuchen und störende Frequenzen zu identifizieren. Bei der Schalldruckmesstechnik wird der abgestrahlte Schall in Form von Schalldruck mithilfe von Mikrofonen aufgezeichnet und analog zum Körperschall in ein elektrisches Signal gewandelt und verstärkt. [KLOC17]

Bei dynamischen Prüfmethoden von Getrieben werden üblicherweise die Amplituden der Zahneingriffsordnung und deren Harmonischen ausgewertet. Aufgrund der Prüfdrehzahl ist die Kenntnis des Einflusses der Eigenfrequenzen des gesamten Aufbaus auf die gemessenen Kennwerte für die Auswertung und Analyse der Ergebnisse entscheidend. Fallen die Anregungsfrequenzen des Zahneingriffs oder deren Harmonische mit den Eigenfrequenzen zusammen, so verstärkt sich die Geräuschamplitude. Im Allgemeinen werden Messungen unter dynamischen Bedingungen bei Drehzahlhochläufen oder bei festen Drehzahlniveaus durchgeführt. Der Vorteil der Analyse der Geräuschemission eines Getriebes im Resonanzbereich des Getriebes liegt darin, dass sich Unterschiede im Lauf- und Geräuschverhalten verschiedener Radsätze am deutlichsten zeigen. Demgegenüber ist in diesem Betriebspunkt die Reproduzierbarkeit der Messergebnisse aufgrund des hohen Amplitudengradienten vergleichsweise schlecht. [KLOC17]

2.3.2 Auswirkungen von kurz- und langwelligen Verzahnungsabweichungen auf das Anregungsverhalten

Impact of Short and Long-Wave Deviations on the Excitation Behavior

Im Folgenden werden die Arbeiten vorgestellt, die sich mit den jeweiligen Abweichungsarten vor dem Hintergrund des Einsatzverhaltens auseinandergesetzt haben. Es werden die Inhalte und Kernergebnisse zusammengefasst vorgestellt.

Kurzwellige Abweichung - Verschränkung

Wie in Kapitel 2.1.4 erläutert, wirken sich jegliche Abweichungen auf das Anregungsverhalten aus und weisen eine drehzahlabhängige Charakteristik auf. In Kapitel 2.2.1 wurden die Abweichungsarten detailliert erläutert und die Definitionen sowie die Reglementierung, sofern in der Normung existent, beschrieben. Im Folgenden werden die

Erkenntnisse bisher durchgeführter Arbeiten zu den für diese Arbeit relevanten Abweichungsarten vorgestellt. Da die in Kapitel 2.2.1 gezeigten Standardmodifikationen im Fokus der konventionellen Auslegung und der toleranzfeldbasierten Optimierungsrechnungen von Stirnradgetrieben stehen und sich nur wenige Arbeiten mit dem Thema Verschränkung befasst haben, soll der Fokus auf dieser Abweichungsart liegen [WITT94, CAO02].

HELLMANN befasste sich mit der Bereitstellung einer experimentell abgesicherten Methodik zur toleranzfeldbasierten Auslegung von Zahnflankenmodifikationen unter Berücksichtigung der verfahrensbedingten Verschränkung. Der Schwerpunkt der Methode lag auf einem Vorhersagemodell für verfahrensbedingte Abweichungen bei einer Vorgabe der Fertigungsprozessparameter und Werkzeug- und Werkstückgeometrien. Im Mittelpunkt der Betrachtung stand die Analyse der wirtschaftlich relevanten Hartfeinbearbeitungsverfahren (diskontinuierliches Profilschleifen und kontinuierliches Wälzschleifen). [HELL15]

Es wurden die Auswirkungen der verfahrensbedingten Verschränkung auf das Einsatzverhalten von Stirnradverzahnungen fundiert untersucht. Die Untersuchungen des Geräusch- und Tragfähigkeitsverhaltens erfolgten zunächst an ausgelegten Prüfverzahnungen mit gezielten Abweichungsbeträgen. Infolge der nicht vorhandenen Normung des Kennwertes Verschränkung wurde eine eindeutige Definition festgelegt. Diese wird in Kapitel 5.2 aufgegriffen. [HELL15]

HELLMANN wendete die Auslegungsmethodik auf ein Serienschaltgetriebe an. Im Rahmen der experimentellen Untersuchungen wurden die Einflüsse der fertigungsbedingten Verschränkung beider Hartfeinbearbeitungsverfahren auf das Geräuschverhalten systematisch und umfassend analysiert. Hierzu wurde die Differenzdrehbeschleunigung als dynamische Kenngröße doppelt integriert zur Verifikation der zuvor berechneten Simulationsmodelle herangezogen. Basierend auf gemessenen Topografien wurden die experimentellen Untersuchungen mit berechneten Drehfehlerverläufen validiert. [HELL15]

Auf das Potenzial von gezielt aufgebrachten Verschränkungen als Modifikationsgröße zur Optimierung des Anregungsverhaltens wird in weiteren Arbeiten von HELLMANN eingegangen [BREC15]. Der Zusammenhang zwischen der untersuchten Abweichung (Betrag und Richtung) und dem resultierenden drehmomentabhängigen Anregungsverhalten wird nicht ausreichend untersucht und der experimentelle Nachweis des Potenzials bleibt in dieser Arbeit aus.

BRIMMERS befasste sich in seiner Arbeit mit der Entwicklung einer Methode zur funktionsorientierten Auslegung von topologischen Zahnflankenmodifikationen. Der Fokus dieser Arbeit lag auf Beveloidverzahnungen und der Integration der Herstellbarkeit von topologischen Zahnflankenmodifikationen in die Auslegungsmethode. Unter Berücksichtigung der Herstellsimulation mit Abrichtsimulation wurden dreidimensional beschreibbare Zahnlücken erzeugt, die als Eingangsgröße für eine FE-basierten Zahnkontaktanalyse verwendet wurden. [BRIM20]

Der wesentliche Schwerpunkt in seiner Arbeit lag auf topologischen bzw. freien Flankenmodifikationen und auf dem Anwendungsfall der Beveloidverzahnung. Die gezielte Verschränkung wurde als spezielle Variante zwischen einer mit Standard- und einer mit freien Flankenmodifikationen versehenen Variante untersucht. Für Beveloidverzahnung konnte eine Verbesserung des Anregungsverhaltens durch den Einsatz von Verschränkungen nachgewiesen werden. Der Nachweis für Stirnradverzahnungen und der Zusammenhang zwischen verschiedenen Verschränkungsbeträgen und -richtungen und dem lastabhängigen Anregungsverhalten wird in dieser Arbeit nicht aufgegriffen.

Weitere Arbeiten nehmen die Verschränkung in ihren Betrachtungen zur Berechnung des Einsatzverhaltens auf. Dabei wurden unter anderem Radpaare mit und ohne Verschränkung hinsichtlich des resultierenden Einsatzverhaltens verglichen [WU16]. Zudem wurde die Verschränkung mit weiteren Modifikationsgrößen bei der Bestimmung von Flankenkorrekturen zur Verbesserung des Einsatzverhaltens rechnerisch ermittelt [UMEY98]. Eine zielgerichtete Untersuchung von unterschiedlich gearteten Verschränkungen mitsamt einem experimentellen Nachweis und der Validierung der Rechenbeispiele bleiben aus.

Im Vergleich zur Verschränkung können veränderliche Kontaktbedingungen über dem Umfang des Zahnrades eine langwellige Anregung zur Folge haben. Unter anderem können Fertigungs- und Montageabweichungen, wie eine Exzentrizität, ein Taumel oder eine Teilungsabweichung hierfür verantwortlich sein, vgl. Kapitel 2.2.2. Auf diese wird im Folgenden dediziert eingegangen.

Langwellige Abweichung - Exzentrizität

Eine exzentrische Positionierung des Stirnrades führt gemäß Kapitel 2.2.2 zu einer gleichermaßen periodischen Rundlaufabweichung. In den Arbeiten von DALE wurde eine Rundlaufabweichung von F_r = 50,8 µm untersucht. Die Ergebnisse zeigten, dass die Abweichung primär die erste Drehordnung des Drehfehlers beeinflusst und Zwischenordnungen angeregt werden. Durch die Amplituden- sowie Phasenmodulation wurden zusätzlich Seitenbänder der Zahneingriffsordnung angeregt. Hierfür leitete DALE Bestimmungsgleichungen in Form von Wellenfunktionen mit dem Ziel der Beschreibung von Amplitude, Frequenz und Phasenverschiebung her [DALE87].

In den Arbeiten von NISHIDA ET AL. lag der Fokus ebenfalls auf den Seitenbändern der Zahneingriffsfrequenzen. In ihren theoretischen und experimentellen Untersuchungen lieferten sie den Beweis für ein asymmetrisches Auftreten in Sonderfällen [NISH81].

KUROKAWA ET AL. erweiterten dieses Wissen um analytische Berechnungsvorschriften. Diese ermöglichten eine Vorhersage des Drehfehlerverlaufes für zwei exzentrische Stirnräder unter Berücksichtigung der Phasenlage der Exzentrizitäten zueinander und deren Beträge. [KURO07]

MILLIREN untersuchte für geradverzahnte Stirnräder zwei Fälle mit gezielt gefertigten Rundlaufabweichungen. Er stellte dabei fest, dass der Betrag der Rundlaufabweichung mit dem Peak-to-Peak-Wert (ptp) des langwelligen Drehfehleranteils zu korrelieren scheint [MILL11]. Dieser Zusammenhang ist nicht Bestandteil weiterer Untersuchungen.

GUANGJIAN ET AL. entwickelten ein FEM-Modell zur Berechnung des Drehfehlers von periodisch variierenden Lastmomenten bei zwei phasenversetzten Exzentrizitäten zwischen Rad und Ritzel. Das Ziel lag darin, den Drehfehler durch die Belastungsfrequenz zu beeinflussen. Auch in ihren Simulationsergebnissen wurden die von MILLIREN genannten Zusammenhänge aufgegriffen [GUAN17].

In der VDI/VDE 2608 wurden die Erkenntnisse der Arbeiten von HOPPEN aufgegriffen. Dabei wurde die Gesetzmäßigkeit zwischen der Rundlaufabweichung und dem resultierenden Drehfehlerverlauf für beide Zahnflanken abgeleitet. Dieser mathematische Zusammenhang ist sowohl in der Arbeit von HOPPEN als auch in der VDI/VDE 2608 auf den Teilkreisdurchmesser und ein globales Koordinatensystem bezogen beschrieben. [HOPP63, VDI01]

Langwellige Abweichung - Taumel

Ein taumelndes Zahnrad verursacht ein periodisch über eine Umdrehung versetztes bzw. wanderndes Tragbild und damit einhergehend eine Änderung im Steifigkeitsverlauf beim Abwälzen der Verzahnung. Dies wirkt sich auf das Einsatzverhalten der Radpaarung aus.

Die Auswirkungen einer Taumelabweichung auf das Anregungs- oder Geräuschverhalten sind derzeit nicht eindeutig beschrieben. Den Arbeiten von MORITZ zufolge führt ein taumelndes Zahnrad zweimal je Umdrehung zu einem Maximum und einem Minimum in der Anregung der Verzahnung. Somit wird die doppelte Drehfrequenz bzw. die zweite Drehordnung anregt. [MORI17]

Den Untersuchungsergebnissen von MILLIREN zufolge wurde dies nicht bestätigt. In seiner Arbeit wurde der Drehfehler eines geradverzahnten Stirnradpaares mit einem vorgegebenen Taumelwinkel $f_\alpha = 0{,}0573°$ untersucht. Die Ergebnisse zeigten, dass die erste Drehordnung besonders dominant hervorsticht, während die Höherharmonischen eine geringere Amplitude aufweisen. Neben den vielfachen der Drehordnungen tritt eine verstärkte Seitenbandcharakteristik umliegend zur Zahneingriffsordnungen auf, die MILLIREN ebenfalls festgestellt hat. [MILL11]

Langwellige Abweichung - Teilungsabweichung

Durch die Verletzung des Verzahnungsgesetzes führt eine variierende Teilungs-Einzelabweichungen aufgrund der Gesamt-Zahnfedersteifigkeit zu einer Veränderung des Anregungsverhaltens [KLOC17]. KOHLER untersuchte den Einfluss der Teilungsabweichung in seiner Arbeit. Er kam zum Ergebnis, dass der Einfluss der Teilungsabweichung auf den kurzwelligen Drehfehler geometrisch direkt ermittelt werden kann, sofern die Gesamtüberdeckung $\varepsilon_\gamma = 1$ ist. Ist diese Bedingung nicht erfüllt, ergibt sich der Drehfehler unter Last aus der Verformung des Gesamtsystems aller im Eingriff befindlichen Zähne. Eine unterschiedlich stark ausgeprägte Verformung der einzelnen Zahnflankenpaare tritt hierbei durch die geometrische Überlagerung der aktiven Einzelzahneingriffe auf. [KOHL85]

Es sind weiterhin Untersuchungen für unterschiedlich ausgeprägte Teilungs-Einzelabweichungen unter Berücksichtigung ihres Betrages und des Verlaufes über dem Umfang (isoliert aufgebracht, stochastisch verteilt etc.) durchgeführt worden. Der Fokus bisheriger Arbeiten lag auf den Auswirkungen der Abweichung auf den Zahneingriffsordnungen, ihrer Seitenbänder sowie Höherharmonischen. Die dabei erfassten Kenngrößen sind der Drehfehler und der Körperschall, wobei eine nachteilige Beeinflussung des Anregungsverhaltens bis zur fünften Zahneingriffsordnung ermittelt wurde [KOHL85, MILL11, INAL15, ANAN18]. Die Drehordnungen liegen nicht im Fokus der Untersuchungen.

Die Arbeiten von BONORI, FERNÁNDEZ-DEL-RINCÓ und YUAN stellten heraus, dass Teilungsabweichungen neben der Anregung im Bereich der Zahneingriffsfrequenz in weiten Bereichen des Frequenzspektrums zu Pegelerhöhungen führen können. Die Dynamik des Gesamtsystems mit den Koppelbedingungen zwischen den Bauteilen stand im Mittelpunkt der Untersuchungen und sind hierbei zu berücksichtigen. [BONO07, FERN16, YUAN18]

Den Ausführungen von CARL und YUAN ET AL. Zufolge, führt eine langwellige Charakteristik der Teilungs-Summenabweichung zu einem ebenso langwelligen Anteilen des Drehfehlerverlaufes [CARL14, YUAN18]. Die Ergebnisse zeigten, dass eine einfach- bzw. vierfach-periodische Teilungs-Summenabweichung zu einem gleichermaßen periodischen Drehfehler bzw. Körperschallpegel führt. YUAN ET AL. beschreiben den geometrischen Zusammenhang zwischen Teilungs-Einzelabweichung f_{pbn} in Richtung der normalen Eingriffslinie aus dem Stirnschnitt nach **Gleichung (2-13)** [YUAN18]:

$$f_{pbn} = f_{pt} \cdot cos\alpha_t \cdot cos\beta_b \qquad \textbf{(2-13)}$$

LANZERATH führte Untersuchungen zum Einfluss von Verzahnungen mit gefertigten Teilungsabweichungen auf das Geräuschverhalten bei Drehzahlen von bis zu n_{An} = 14.500 min^{-1} durch [LANZ70]. In Abhängigkeit der Teilungsabweichung konnte in dieser Arbeit ein Einfluss auf die Tangentialbeschleunigung am Zahn nachgewiesen werden, welche größer als die der ersten Zahneingriffsharmonischen ist. Auch diese Arbeit konnte den Einfluss der Teilungsabweichungen auf den Geräuschpegel des Zahneingriffs belegen. Die Untersuchungen zeigten, dass entstehende Seitenbandeffekte im Frequenzspektrum der Zahnkraftamplitude besonders Systemeigenfrequenzen anregen können, die im Frequenzbereich außerhalb der Zahneingriffsordnung liegen. Dieser Einfluss wurde in den Arbeiten von MÜLLER bestätigt [MÜLL91].

Zusammengefasst können sich periodisch auftretende Teilungsabweichungen ungünstig auf die Schwingungsanregung auswirken. Durch die steigenden Drehzahlen kann sich der Einfluss der Schwingungsüberhöhung über sehr weite Frequenzbereiche erstrecken. Fallen die entstehenden Erregungsschwingungen mit den Eigenfrequenzen des Systems zusammen, führt dies zu erhöhten dynamischen Zahnbelastungen, starken Torsionsschwingungen und zu einer erhöhten Geräuschentstehung und -abstrahlung. [LANZ70]

2.4 Fazit

Conclusion

Alle Abweichungsgrößen einer Verzahnung können der maschinenakustischen Wirkkette zufolge eine erhöhte Anregung im Zahnkontakt bewirken und stellen somit eine wesentliche Geräuschquelle des Getriebes dar. Drehzahlabhängig lassen sich Frequenzen bzw. Ordnungen eindeutig den Verzahnungsabweichungen zuordnen. Es können im Wesentlichen zwei Arten von Abweichungen vorliegen, die entweder den kurzwelligen oder den langwelligen Anteil der Anregung beeinflussen. Zu beiden Anteilen sind zahlreiche Untersuchungen durchgeführt worden, die belegen, dass jegliche Abweichungen zum ideal-evolventischen Zahnkontakt einen Einfluss auf das Anregungsverhalten haben.

Für den kurzwelligen Anteil bedeutet dies, dass die ausgebildete Kontaktzone für jeden über dem Umfang der Radpaarung auftretenden Zahnkontakt gleichartig abweicht. Diese Abweichungen können teilweise auf genormte Fertigungstoleranzen oder derzeit nicht im Toleranzsystem berücksichtigte, verfahrensbedingte Abweichungen, wie die Verschränkung, zurückgeführt werden. Die Auswirkungen von Verschränkungen auf das lastabhängige Anregungsverhalten sind bislang nicht ausreichend erforscht worden. Damit fehlen grundlegende, validierte Erkenntnisse, die den Einsatz einer Verschränkung im Auslegungsprozess ermöglichen und das Potenzial der Verschränkung als Modifikation zur gezielten Beeinflussung des Anregungsverhaltens aufzeigen.

Demgegenüber werden bei auftretendem langwelligen Geräuschanteil unterschiedliche Kontaktzonen von einem Zahnkontakt zum nächsten ausgebildet, was auf eine Exzentrizität, einen Taumel oder eine Teilungsabweichung zurückgeführt werden kann. Der Stand der Technik belegt, dass simulative und experimentelle Untersuchungen zum Anregungsverhalten (Drehfehler unter Last und lastfrei) von exzentrischen, taumelnden oder mit Teilungsabweichungen behafteten Stirnradverzahnungen durchgeführt worden sind. Der Fokus in diesen Arbeiten liegt allerdings auf der Zahneingriffsordnung, ihren Höherharmonischen und Seitenbändern, wohingegen die Betrachtung der Wellendrehordnungen eine untergeordnete Rolle einnehmen. Durch die zunehmend steigenden Antriebsdrehzahlen, insbesondere bei elektrifizierten Fahrzeugen, fallen diese Wellendrehordnungen in den Frequenzbereich der maximalen Sensitivität des menschlichen Gehörs. Zudem fehlt eine applikationsbezogene Betrachtung der Wirkzusammenhänge zwischen Abweichung und Anregung. In der aktuellen

Normung existiert kein Ansatz, mit dem diese Effekte ausreichend berücksichtigt werden. Demnach kann beispielsweise die Tolerierung des Taumels nur indirekt über eine Limitierung der Grenzwerte der Einzelflanke oder der Rundlaufabweichung an zwei Ebenen erfolgen. Auch die Exzentrizität wird ebenfalls nur indirekt über die Rundlaufabweichung begrenzt. Zwar erfolgt eine Grenzwertdefinition für die Rundlaufabweichung und die diversen Größen der Teilungsabweichung, jedoch wurden diese nicht anhand des resultierenden Anregungsverhaltens definiert.

Trotz der zum Teil genormten Beschreibung bzw. Definition der genannten Abweichungen existiert derzeit keinerlei funktionale respektive anregungsgerechte Tolerierungen der genannten langwelligen Abweichungen. Es fehlt ein tiefergehendes Verständnis für den Zusammenhang zwischen den jeweiligen Abweichungsarten und den resultierenden Kontaktverhältnissen bzw. dem Anregungsverhalten, sodass im Auslegungsprozess aktuell keine anregungsgerechte Grenzwertdefinition angestrebt werden kann.

3 Zielsetzung, Aufgabenstellung und Vorgehensweise

Objective, Task and Modus Operandi

Das Ziel dieser Dissertation ist die Entwicklung einer Methode zur anregungsgerechten Auslegung schnelllaufender Getriebe. Hierbei wird sowohl auf die kurzwellige als auch langwellige Anregungscharakteristik von Stirnradgetrieben eingegangen. Das Hauptaugenmerk der Arbeit liegt auf dem detaillierten Verständnis der Kontaktverhältnisse infolge von Verschränkungen, Exzentrizitäten, Taumel- sowie Teilungsabweichungen und dem hieraus resultierenden Anregungs- bzw. Geräuschverhalten. Aus der Zielsetzung leitet sich die folgende Forschungshypothese ab:

Auf Basis eines tiefgehenden Verständnisses der Kontaktbedingungen von Stirnradgetrieben infolge von kurz- und langwelligen Abweichungen können eine anregungsgerechte Mikrogeometrie ausgelegt und Toleranzgrenzen für langwellige Verzahnungsabweichungen anregungsgerecht abgeleitet werden.

Für die Erreichung der Zielsetzung sind folgende Forschungsfragen zu beantworten:

1. *Wie kann das kurzwellige Anregungsverhalten mittels Verschränkung gezielt beeinflusst werden?*
2. *Wie wirken sich langwellige Abweichungen auf die Kontaktgeometrie und das resultierende Anregungsverhalten aus?*
3. *Welche Abhängigkeit lässt sich für langwellige Abweichungen hinsichtlich des Drehmomentes und der Verzahnungsmakrogeometrie auf das resultierende Anregungsverhalten identifizieren?*
4. *Auf welche Weise lassen sich in Abhängigkeit funktionaler Kenngrößen anregungsgerechte Toleranzen für langwellige Abweichungen ableiten?*

Die zur Beantwortung der Forschungsfragen zugrunde liegende Prüfmethodik wird in Kapitel 4 vorgestellt. Es werden neben den Radpaarungen die Prüfbedingungen und Analysemethoden vorgestellt, die zur Bewertung der Auswirkungen verschiedener Abweichungen auf das Anregungsverhalten herangezogen werden. Aufbauend auf diesen Rahmenbedingungen ist die Dissertation in vier weitere Hauptkapitel gegliedert.

Die Inhalte von Kapitel 5 befassen sich mit der Forschungsfrage 1 und somit dem Ziel der definierten Beeinflussung des kurzwelligen Anregungsverhaltens durch den Einsatz von Verschränkungen. Das Kapitel gliedert sich in eine theoretische Vorbetrachtung und eine experimentelle Validierung anhand von quasistatischen Prüfstandsuntersuchungen. Für die Validierung des Anregungsverhaltens ist die Überführung von gefertigten und gemessenen Topografiedaten der Zahnflanken in eine Zahnkontaktanalyse vorgesehen. Eine detaillierte Betrachtung der Kontaktverhältnisse soll Aufschluss darüber liefern, auf welcher Grundlage das Anregungsverhalten durch den Einsatz der Verschränkung beeinflusst wird.

Die Betrachtung der Auswirkungen von langwelligen Abweichungen erfolgt in Kapitel 6 und dient der Beantwortung der Forschungsfrage 2. Ausgehend von einer theoretischen und praktischen Analyse der resultierenden geometrischen Abweichungen anhand von Messungen auf Verzahnungsmesszentren erfolgen die Untersuchungen des resultierenden Anregungsverhaltens. Die Untersuchungen gliedern sich in quasistatische Prüfungen, die zur Validierung der Zahnkontaktanalyse dienen, und in dynamische Prüfungen bei Drehzahlen von bis zu $n_1 = 11.500\ min^{-1}$, die außerdem eine Verifizierung der Effekte unter Drehzahleinfluss erlauben.

Der Transfer der Erkenntnisse zur Verschränkung sowie zu langwelligen Abweichungen auf ein praxisrelevantes zweistufiges Getriebe eines Elektrofahrzeuges wird in Kapitel 7 untersucht und bewertet. Sowohl die Prüfbedingungen als auch die Fertigung der gezielten Abweichungsgrößen werden vorgestellt. Neben einer quasistatischen Validierung erfolgt, zur Beantwortung eines Teils der Forschungsfrage 3, eine Verifizierung der Effekte unter applikationsnahen Bedingungen. Die sukzessive Steigerung der Komplexität von einfachen Radsatzuntersuchungen über Gesamtgetriebeprüfungen bis hin zu Fahrzeugtests ermöglicht eine Prüfung der stringenten Übertragbarkeit der Erkenntnisse inklusive einer subjektiven Bewertung des Geräuschverhaltens.

Funktionsorientierte Toleranzgrenzen für langwellige Abweichungen sind anhand makrogeometrischer Kenngrößen möglich und werden in Kapitel 8 abgeleitet. Dieses Kapitel behandelt die Forschungsfragen 3 und 4. Vorab erfolgt eine detaillierte Betrachtung der Kontaktverhältnisse infolge der Abweichungen und der Wirkzusammenhänge zwischen Abweichung und Anregung. Anschließend erfolgt eine praxisrelevante Prüfung von Kreuzeinflüssen aus der Betrachtung verschiedener, gleichzeitig auftretender Abweichungsarten. Nach einer superponierten Verifizierung der analytischen Beschreibungsmodelle des Anregungsverhaltens infolge der jeweiligen Abweichungen werden Grenzwerte für diese definiert.

Die wissenschaftliche Herausforderung der Arbeit liegt in der erweiterten Betrachtung der im Stand der Technik beschriebenen Analysen zum Einfluss von Abweichungen auf das Anregungsverhalten von Stirnradverzahnungen. Das Verständnis der Wirkzusammenhänge zwischen allen genannten Abweichungen und dem resultierenden Anregungsverhalten und die daraus abgeleiteten Erkenntnisse in Form von Grenzwerten stellen einen zentralen Mehrwert dar.

Der technische Nutzen dieser Arbeit liegt in der anregungsgerechten Gestaltung von Stirnradverzahnungen im Auslegungsprozess. Die Betrachtung der Verschränkung als Erweiterung zu den Standardmodifikationen soll das Potenzial zur gezielten Einstellung der Anregungscharakteristik aufzeigen und den Handlungsspielraum in der Auslegung erweitern. In Kombination mit der Grenzwertdefinition von langwelligen Abweichungen werden jeweils Teilaspekte für eine ganzheitliche Betrachtung von langwelliger und kurzwelligen Anregungsanteilen von Anregungsursachen der Verzahnung behandelt. Die Arbeit erlaubt während der Konstruktion die Definition funktionsorientierter Grenzwerte für Fertigungsabweichungen, die das Anregungsverhalten limitieren.

4 Prüfmethodik zur Analyse des Anregungs- und Geräuschverhaltens

Test Methodology for the Analysis of the Excitation and Noise Behavior

Für die Durchführung aller relevanten Untersuchungen und Analysen werden in dieser Arbeit diverse Verzahnungen mit unterschiedlichen Makrogeometrien verwendet und verschiedene Prüfaufbauten benötigt, um experimentelle Analysen vorzunehmen. Zudem werden Zahnkontaktanalysen eingesetzt, die zunächst validiert und anschließend für weitergehende Analysen herangezogen werden. Schließlich stehen nach einer erfolgreichen Validierung Berechnungsmethoden zur Verfügung, die für den Einsatz im Auslegungsprozess genutzt werden können. Kapitelweise wird hierauf eingegangen.

4.1 Prüfverzahnungen

Test Gear Sets

Zur Erreichung der Zielsetzung gilt es, zunächst ein theoretisches Grundverständnis aufzubauen und dieses anhand von praktischen Untersuchungen und simulativen Analysen zu verifizieren. Demnach werden Voruntersuchungen an fünf unterschiedlichen Prüfverzahnungen durchgeführt, deren Verzahnungsdaten in **Bild 4-1** dargestellt sind. Sofern nicht eindeutig zuzuordnen, beziehen sich die im folgenden Verlauf der Arbeit mit dem Index 1 gekennzeichneten Größen auf das Ritzel und der Index 2 auf das Rad der jeweiligen Getriebestufe.

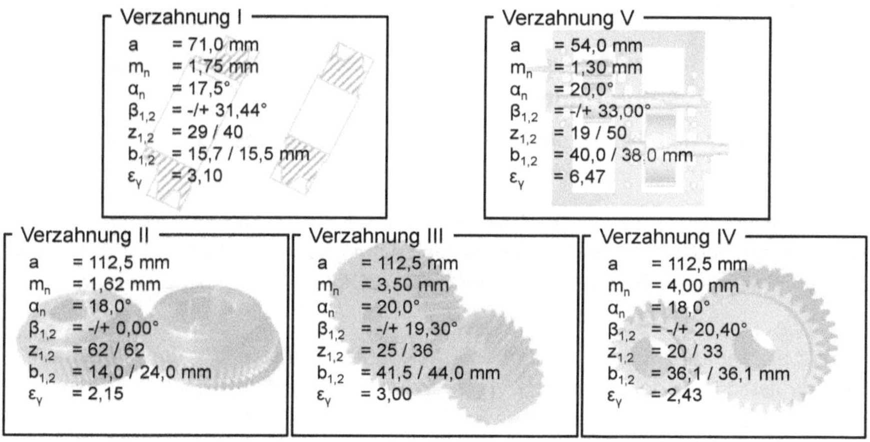

Bild 4-1: Verzahnungsdaten der Prüfverzahnungen

Gear Data of the Test Gear Sets

Für die Untersuchung des Einflusses der Verschränkung wird eine Serienverzahnung der Firma VOLKSWAGEN eingesetzt (Verzahnung I). Es handelt sich hierbei um die sechste Gangstufe des manuellen Getriebes der Fahrzeugbaureihe Golf. Durch den Einsatz eines Serienradsatzes kann die Übertragbarkeit und das Potenzial der Verschränkung als Modifikation in der Serienapplikation unmittelbar belegt werden.

Für die praktischen Untersuchungen des Einflusses der langwelligen Abweichungen werden neben einer Geradverzahnung zwei Schrägverzahnungen (Verzahnung II, III, IV) mit einem charakteristischen Achsabstand von a = 112,5 mm herangezogen, vgl. Bild 4-1. Diese Verzahnungsfälle eignen sich insbesondere für die quasistatischen Untersuchungen auf der Stirnradmesszelle, vgl. Kapitel 4.2.3, da derselbe Prüfaufbau für alle Verzahnungen gleichermaßen genutzt werden kann und somit Einflüsse durch einen Umbau der Messzelle sowie der Fertigung verschiedener Komponenten auf ein Minimum reduziert werden können. Die Geradverzahnung wird zur Analyse des Schrägungswinkeleinflusses für theoretische Betrachtungen herangezogen, während das Hauptaugenmerk der praktischen Voruntersuchungen auf die übrigen Verzahnungsfälle gelegt wird.

Die experimentellen Untersuchungen bei höheren Drehzahlen werden an der eingangsseitigen Getriebestufe eines zweistufigen Getriebes durchgeführt, welches in Anlehnung an ein Elektrofahrzeug von der Firma STACKPOLE ausgelegt wurde (Verzahnung V). Die Verzahnungsfertigung erfolgte durch die Firma VCST INDUSTRIAL PRODUCTION.

Die Übertragbarkeit der jeweiligen Effekte werden in Kapitel 7 gesondert an einer Serienverzahnung für ein Elektrofahrzeug belegt. Für weiterführende theoretische Betrachtungen werden zusätzliche Verzahnungsfälle verwendet, die in Kapitel 8.1.4 beschrieben werden.

4.2 Prüfstände und Messzelle zur Untersuchung des Anregungs- und Geräuschverhaltens

Test Rigs and Measurement Cell for Investigating the Excitation and Noise Behavior

Die Analyse des kurz- und langwelligen Anregungsanteils erfolgt unter Aufprägung sowohl einer geringen quasistatischen als auch dynamischen Drehzahl. Der Aufbau der hierzu notwendigen Messzellen bzw. Getriebe erfolgt im Wesentlichen auf zwei Prüfständen.

Die für die zentralen Forschungsarbeiten relevanten Prüfstände – der Universal-Getriebeprüfstand und der elektrische Verspannungsprüfstand – sowie die Stirnradmesszelle zur Drehfehlermessung werden im Folgenden näher erläutert. Die Prüfstandsuntersuchungen sind notwendig, um die aus den Fertigungs- bzw. Montageabweichungen resultierenden Effekte auf das Anregungsverhalten experimentell nachzuweisen und die Ergebnisse der Zahnkontaktanalyse zu validieren.

4.2.1 Universal-Getriebeprüfstand

Universal Gearbox Test Rig

Der Universal-Getriebeprüfstand besteht aus drei elektrischen Maschinen, die für einen Vier-Quadranten-Betrieb ausgelegt sind. Die Motoren können quer sowie längs auf voneinander separierten Spannfeldern verschoben werden. Die wesentlichen Leistungsgrößen der Antriebs- und Abtriebsmaschinen sind in **Bild 4-2** zusammengefasst. Das Leistungsspektrum ist dem eines Verbrennungsmotors für Mittelklassefahrzeuge nachempfunden. [HESS12]

Für die Untersuchungen wird das Getriebe auf dem Spannfeld aufgenommen und mit der Antriebsmaschine für gewöhnlich drehzahlgeregelt angetrieben. Als Abtrieb werden die beiden hinteren Elektromotoren eingesetzt. Die Besonderheit des Prüfstandes liegt in den von dem Fundament entkoppelten, einzelnen Spannfeldern, auf denen einerseits der Prüfling aufgebaut und andererseits die Motoren platziert werden. Die aktive Luftfederung ermöglicht eine Untersuchung unter Ausschluss von äußeren Störeinflüssen. Um das Spannfeld des Prüflings befindet sich ein akustischer Messraum, der im Falle einer Schalldruckmessung eine Messung ohne die Beeinflussung durch externe Störgeräusche ermöglicht. [HESS12]

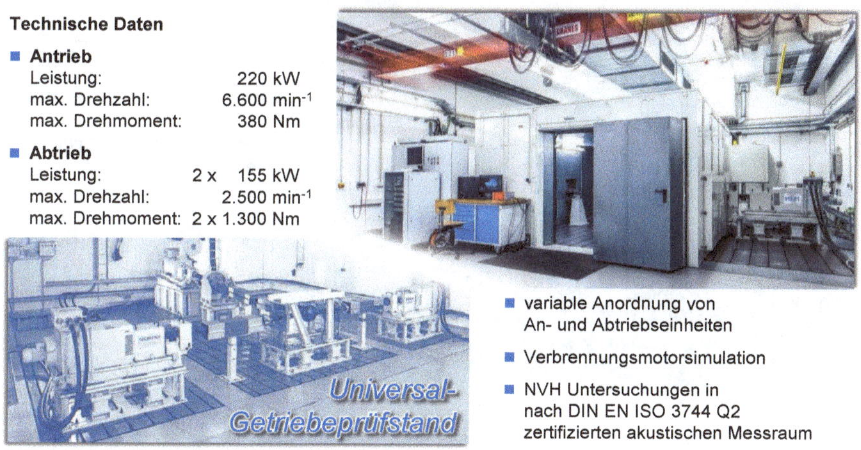

Bild 4-2: Universal-Getriebeprüfstand
Universal Gearbox Test Rig

4.2.2 Elektrischer Verspannungsprüfstand

Electrical Power Circle Test Rig

Speziell für die Drehfehleruntersuchung von Getrieben oder Getriebestufen mit einem An- und einem Abtrieb bietet sich ein elektrisch verspannter Prüfstand an, vgl. **Bild 4-3**. Durch den modularen Aufbau und eine stabile Regelung der Maschinen im niedrigen Drehzahlbereich wird dieser bevorzugt für die Einflanken- bzw. Betriebs-Wälzprüfung eingesetzt. Darüber hinaus besteht die Möglichkeit der Körperschallmessungen unter Drehzahleinfluss.

Der für die Untersuchungen genutzte Prüfstand setzt sich aus zwei Elektromotoren zusammen, die sich auf einem luftgefederten und von dem Gebäude entkoppelten Maschinenfundament frei beweglich positionieren lassen. Die Anbindung verschiedener Messzellen erfolgt über Kardanwellen und dämpfenden Elastomer-Kupplungen.

Die Antriebsmaschine ist drehzahlgeregelt und weist eine Nennleistung von P_{An} = 66,6 kW auf. Die Abtriebsmaschine, welche als Generator betrieben wird, ist folglich drehmomentgeregelt und sorgt für das erforderliche Prüfdrehmoment bei einer maximalen Leistung von P_{Ab} = 85,9 kW. Bei der Auslegung des elektrischen Verspannungsprüfstandes (EVP) sind die Motoren so gewählt worden, dass bei ungefähr gleicher Leistung das Drehzahl- bzw. Drehmomentverhältnis mit einer Übersetzung von $|i_{max,EVP}| \approx 3$ gewandelt geprüft werden kann. Sofern andere Leistungsaufteilungen zu prüfen sind, besteht die Möglichkeit, mithilfe von Zwischengetrieben die gewünschte Aufteilung zu realisieren.

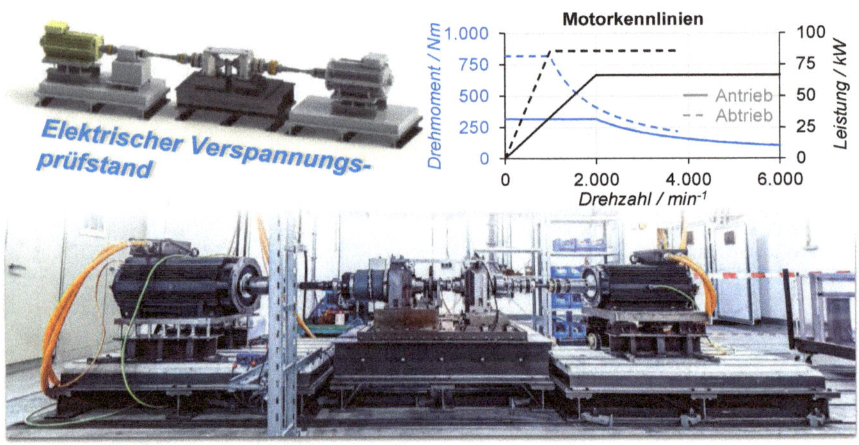

Bild 4-3: Elektrischer Verspannungsprüfstand
Electrical Power Circle Test Rig

4.2.3 Stirnradmesszelle

Cylindrical Gear Measurement Cell

Für die Untersuchungen des akustischen Verhaltens wird der Triebstrang mit den jeweiligen Messzellen und Prüfgetrieben auf den zuvor beschriebenen Prüfständen aufgebaut. Aufgrund der integrierten Messtechnik wird die Stirnradmesszelle nach HOHLE zwischen zwei elektrischen Maschinen für die Wälzprüfungen eingesetzt, vgl. **Bild 4-4** [HOHL02].

Die Stirnradmesszelle erlaubt die Untersuchung des Anregungsverhaltens von Radsätzen unterschiedlichster Geometrien unter konstanten Randbedingungen. Die wichtigsten Eigenschaften der Messzelle bestehen in dem weiten Leistungsbereich bei einer hohen Torsions- und Biegesteifigkeit der Wellen und der gleichzeitig einfachen und reproduzierbaren Montage sowie der Achsabstandsvariabilität. [HOHL02]

Die Messzelle ist im Aufbau über drehelastische Kupplungen vom restlichen Antriebsstrang weitestgehend entkoppelt und besteht aus einer massiven Unterkonstruktion aus Stahl, um eine hohe Steifigkeit zu erreichen. Auf diese Weise können lastbedingte Verlagerungen minimiert werden. Der Messzellenaufbau gliedert sich in zwei separate Lagerböcke, die zum einen die Wellen, auf denen die Prüfverzahnungen montiert werden, und zum anderen das Messsystem führen, vgl. Bild 4-4 rechts. Die Messung des Drehwinkels erfolgt in unmittelbarer Nähe zum Zahneingriff, sodass eine hohe Messgenauigkeit erreicht wird. Die Messsysteme bestehen aus optischen, hochauflösenden Winkelschrittgebern und erlauben aufgrund ihrer hohen Genauigkeit die Durchführung von Einflanken- und Betriebs-Wälzprüfungen. Die Winkelschrittgeber arbeiten nach dem Funktionsprinzip der photoelektrischen Abtastung feiner Strichgitter. Die verbauten Messsysteme der Firma HEIDENHAIN verfügen jeweils über 18.000 Inkremente und befähigen zur präzisen Bestimmung der resultierenden Wälzabweichung. [HOHL02]

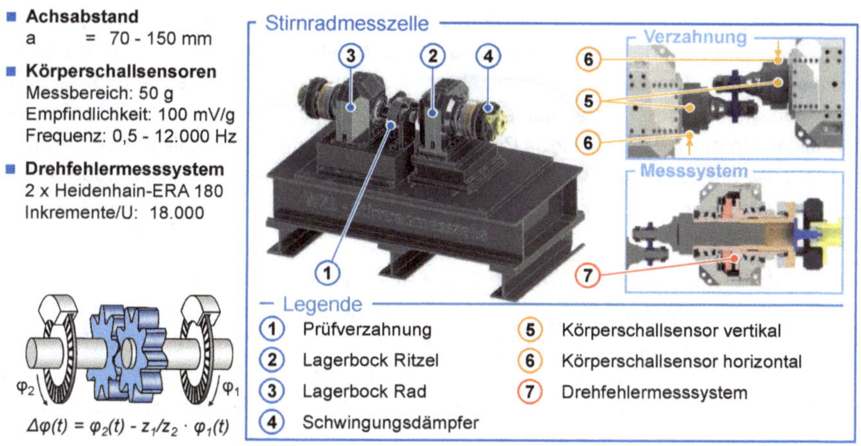

Bild 4-4: Stirnradmesszelle

Cylindrical Gear Measurement Cell

Der Prüfstand bietet aufgrund seines flexiblen Aufbaus vielseitige Adaptionsmöglichkeiten. So können die relevanten Achsabstände zur Aufnahme und Untersuchung der verschiedenen Verzahnungsfälle umgesetzt werden. Die Achsabstandsänderung wird durch die Verschiebung des antriebseitigen Lagerbocks erreicht.

Mittels einer temperierten Einspritzschmierung erfolgt die Schmierung der Verzahnungen und der Wälzlager. Dabei kommt das Getriebeöl SHELL SPIRAX MA 80W zum Einsatz. Die Öltemperatur beträgt während allen Untersuchungen $T_{Öl}$ = 60 bis 65°C.

Die quasistatische Messung sieht der VDI/VDE 2608 zufolge bei der Einflanken-Wälzprüfung eine geringe Drehzahl vor [VDI01]. Daran orientiert wird der Drehfehler, vgl. Bild 4-4 unten links, bei diskreten Drehmomentstufen und einer Drehzahl von n_{An} = 60 min^{-1} während einer Messdauer von zwei kompletten Überrollungen des jeweiligen Verzahnungsfalls gemessen. Die Prüfstandsuntersuchungen werden durchgeführt, um die aus den zu untersuchenden Abweichungen resultierenden Effekte auf das akustische Verhalten und die theoretischen Annahmen nachzuweisen.

4.3 Zahnkontaktanalysen zur Berechnung des Anregungsverhaltens

Tooth Contact Analyses to Calculate the Excitation Behavior

Für die Berechnung des Anregungsverhaltens in Abhängigkeit verschiedener Abweichungen bzw. Korrekturen werden in dieser Arbeit zwei Zahnkontaktanalysen verwendet. Zum einen die allgemeine Zahnkontaktanalyse ZAKO3D und zum anderen die FE-STIRNRADKETTE (STIRAK). Beide am Werkzeugmaschinenlabor (WZL) der RWTH Aachen entwickelte FE-basierte Zahnkontaktanalysen sind vollwertige und eigenständige Methoden zur Berechnung von charakteristischen Größen des Einsatzverhaltens von Zahnrädern. Hierzu zählen, je nach Programm, die Zahnflanken- und Zahnfußspannungen, Tragbilder sowie Drehfehler- und Steifigkeitsverläufe. Der wesentliche Unterschied der beiden Programme liegt in dem zugrundeliegenden Kontaktansatz. Während in ZAKO3D der Flächenkontakt für verschiedenste Zahnradarten angesetzt wird, wird in STIRAK der Linienkontakt für Stirnradverzahnungen verwendet. [CAO02, HEMM07]

Bis zuletzt war ein weiterer für diese Arbeit fundamentaler Unterschied die Anzahl der zu berücksichtigenden Teilungen. ZAKO3D ist in der Lage, den individuellen Zahnkontakt für eine komplette Überrollung validiert abzubilden [HEMM07, GERA19]. Diese Eigenschaft war nicht Bestandteil der initialen Entwicklung von STIRAK [CAO02]. Um diesem Defizit zu begegnen, ist im Rahmen dieser Arbeit die Berechnungslücke geschlossen und die Zahnkontaktanalyse hinsichtlich der Abbildbarkeit einer kompletten Überrollung erweitert worden. Die Erweiterung basiert auf der Vorgabe verkippter bzw. verschobener Einzel-Topografien infolge langwelliger Abweichungen oder von Mischtopografien.

Somit stehen nun neben der vereinfachten Simulation einzelner Teilungen auch die Berechnung der Gesamtheit aller Zahnkontakte inklusive Achslageabweichungen für eine komplette Überrollung anhand von Topografieabweichungen zur Verfügung. Auf diese Weise kann abgesehen von den Erkenntnissen in dieser Arbeit der Einfluss, der in der Fertigung von Zahnrädern über dem Umfang des Zahnrades auftretenden Abweichungen, auf das Einsatzverhalten ermittelt werden. Die Validierung dieser Erweiterung der FE-STIRNRADKETTE stellt in dieser Arbeit ein untergeordnetes Ziel bei der Betrachtung der langwelligen Abweichungen dar. Daher werden die Prüfstandsergebnisse mit der FE-STIRNRADKETTE abgeglichen, wohingegen die detaillierte Betrachtung der Kontaktabstände mittels Variantenrechnungen in ZAKO3D für die Ableitung der Toleranzen erfolgt. Der Grund hierfür ist die Nutzung der Variantenrechnung selbst und die einfache Vorgabe der Achslageabweichungen in ZaKo3D.

5 Einsatz der Verschränkung zur gezielten Beeinflussung des kurzwelligen Anregungsverhaltens von Stirnradgetrieben

Use of the Flank Twist for a Targeted Influence on the Short-Wave Excitation Behavior of Cylindrical Gears

Die Auslegung der Mikrogeometrie einer Stirnradverzahnung erfolgt anhand von Standardkorrekturen, die auf linearen oder quadratischen Abweichungen entlang einer Profil- oder Flankenlinie basieren. Dieses Vorgehen ist Stand der Technik und findet in dieser Form Anwendung in der industriellen Praxis. Modifikationen, die über die lineare und quadratische Beschreibung hinaus gehen, werden im Allgemeinen selten verwendet, da die funktionalen Auswirkungen oftmals unbekannt sind.

In diesem Kapitel wird die erste Forschungsfrage beantwortet, auf welche Weise die Verschränkung eingesetzt werden kann, um das kurzwellige Anregungsverhalten gezielt zu beeinflussen. Anhand einer theoretischen Betrachtung und der Auslegung einer gezielten Verschränkung für einen in Kapitel 4.1 gezeigten Verzahnungsfall wird das Potenzial dieser Abweichungsart hinsichtlich des verbesserten Anregungsverhaltens analysiert. Der Einfluss der Topografie und die daraus resultierende Optimierung werden anhand von gefertigten Radsätzen in dieser Arbeit verifiziert und mit Prüfstandsuntersuchungen validiert. Hierbei wird zunächst die Relevanz der im Eingriff befindlichen Zahnflankentopografie näher betrachtet. Anschließend wird in diesem Kapitel der Aufbau der Untersuchungen sowie der Abgleich zwischen Prüfstands- und Simulationsergebnissen vorgestellt.

5.1 Beschreibung der Verschränkung und des Einflusses auf die Kontaktverhältnisse

Description of the Flank Twist and Influence on the Contact Ratio

Zu den klassischen Hartfeinbearbeitungsverfahren zählen das diskontinuierliche Profilschleifen und das kontinuierliche Wälzschleifen. Aufgrund der kinematischen Bedingungen während der Fertigung einer Flankenlinien-Balligkeit bei Schrägverzahnungen kommt es zur Ausbildung unterschiedlicher Kontaktverhältnisse, die über die prozessbedingten Unterschiede (Linienkontakt bei Profilschleifen und Punktkontakt bei Wälzschleifen) zusätzlich zu einer entgegengesetzten Verwindung der Flanke führen. Je nach Orientierung der Verschränkung bilden sich unterschiedliche Kontaktzonen im Zahneingriff aus. [HELL15]

Neben der in der Arbeit von HELLMANN bereits beschriebenen charakteristischen Verkippung des Tragbildes infolge der Verschränkung führt der ebenso resultierende vor- und zurückstehende Beginn des Zahnkontaktes zu einer Beeinflussung der Überdeckung. Diese Änderung der Überdeckung kann genutzt werden, um das Anregungsverhalten zielgerichtet zu optimieren. Um dieses Potenzial zu untersuchen, gilt es zunächst, aufgrund der fehlenden Norm zur eindeutigen Beschreibung der Verschränkung, diese Verwindung der Zahnflanke in Betrag und Orientierung zu definieren.

Für die eindeutige Definition und für die Untersuchungen in dieser Arbeit wird der Ansatz nach HELLMANN herangezogen, vgl. **Bild 5-1**. Diesem Ansatz ist die projizierte Eingriffsstrecke zugrunde gelegt, die zur eindeutigen Beschreibung der Orientierung der Verschränkung (VS) notwendig ist. Hierbei spielen die Steigungsrichtung und die Charakterisierung der Leistungsübertragung eine entscheidende Rolle. Unabhängig von dem Zustand *treibend* oder *getrieben* verändert sich die Orientierung der Eingriffslinie nicht, wohingegen der Anfangspunkt des Eingriffs (A) mit dem Endpunkt des Eingriffs (E) vertauscht wird. Im Fall der Änderung der Steigungsrichtung ist die Orientierung der Eingriffslinie genau entgegengesetzt. [HELL15]

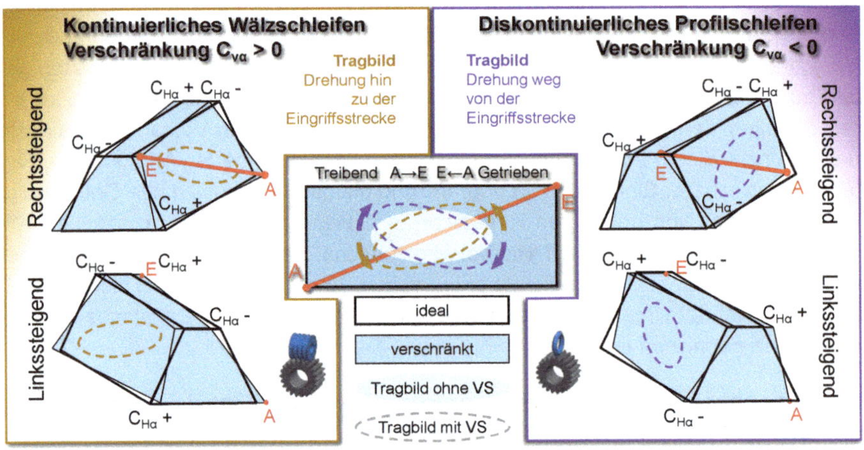

Bild 5-1: Vorzeichendefinition der Verschränkung nach [HELL15]

Sign Definition of the Flank Twist acc. to [HELL15]

Die Definition nach HELLMMANN ist an die DIN ISO 21771 angelehnt und wird aus zwei Profil-Winkeln berechnet [ISO14]. In Bezug darauf wird die Verschränkung im Folgenden mit $C_{v\alpha}$ bezeichnet und für das treibende Rad entsprechend der **Gleichung (5-1)** sowie für das getriebene Rad gemäß der **Gleichung (5-2)** berechnet.

$$C_{v\alpha} = C_{H\alpha,E} - C_{H\alpha,A} \text{ für ein } \textit{treibendes} \text{ Rad} \tag{5-1}$$

$$C_{v\alpha} = C_{H\alpha,A} - C_{H\alpha,E} \text{ für ein } \textit{getriebenes} \text{ Rad} \tag{5-2}$$

Die Indizes beziehen sich auf die Eingriffsstrecke, die nach DIN 3960 die Schnittpunkte zwischen der Eingriffslinie und den Kopfnutzkreisen der Verzahnung beschreiben, vgl. Bild 5-1 [DIN87]. Der Vorteil dieser Definition liegt darin, dass die Verschränkung auf diese Weise auch negative Werte annehmen und eine eindeutige Beschreibung der Orientierung erfolgen kann. Die so berechnete und den positiven Wertebereich abdeckende Verschränkung ist gleichbedeutend damit, dass die Flankenecken auf der Eingriffslinie verglichen mit dem idealen Verlauf vorstehen. Im negativen Fall steht die Flankenecke relativ zur idealen Evolvente zurück. Die jeweiligen Zustände können den oben genannten Verfahren zugeordnet werden. Dieser Definition folgend weist verfahrensbedingt die charakteristische Verschränkung resultierend aus dem konventionellen Wälzschleifverfahren stets ein positives Vorzeichen auf, wohingegen das konventionelle Profilschleifen den negativen Wertebereich abdeckt. [HELL15]

Die beschriebene Charakteristik führt zum einen zu einer Steigerung (Wälzschleifen) und zum anderen zu einer Abnahme (Profilschleifen) der Gesamtüberdeckung im Vergleich zu einer verschränkungsfreien Radpaarung. Diese Größe wiederum bestimmt das Anregungsverhalten maßgeblich und wird im Folgenden für einen Verzahnungsfall näher untersucht.

5.2 Optimierung des Anregungsverhaltens durch gezielte Auslegung der Verschränkung

Optimization of the Excitation Behavior by Targeted Design of the Flank Twist

In vergangenen Arbeiten ist das theoretische Potenzial der Verschränkung hinsichtlich des resultierenden Einsatzverhaltens mithilfe einer toleranzfeldbasierten Optimierungsrechnung untersucht worden. Dabei ist das Ziel dieser Optimierungsrechnung die Ermittlung der bestmöglichen Zahnflankenkorrektur innerhalb eines Variantenraums unter Berücksichtigung von Fertigungstoleranzen sowie von Gewichtungsfaktoren der Zielgrößen, die das Einsatzverhalten beschreiben (bspw. Drehfehler, Flankenpressung). Bei der Verwendung der FE-STIRNRADKETTE, wird zunächst ein Modell der Radpaarung erzeugt und anschließend eine Variantenrechnung durchgeführt. Dabei werden die Beträge der Zahnflankenkorrekturen mit vorgegebener Schrittweite innerhalb eines definierten Bereiches variiert. Durch das Fokussieren eines Drehmomentbereiches bei der Berechnung kann eine robuste Zahnflankenkorrektur ermittelt werden. [BREC15]

Diese Methode hat HELLMANN genutzt, um bestehende Serienmodifikationen mit gezielten Verschränkungen zu überlagern und das Einsatzverhalten zu optimieren. In dem Zusammenhang wurde unter anderem der in diesem Kapitel betrachtete Verzahnungsfall untersucht, sodass die im Folgenden beschriebene optimierte Variante auf seinen Arbeiten beruht. [BREC15]

Neben der gezielt ausgelegten Verschränkung wurden auch verschränkungsfreie sowie natürlich verschränkte Zahnflanken, die sich durch die konventionellen Hartfeinbearbeitung ergeben, analysiert [BREC15]. Für die Untersuchung des Einsatzverhaltens natürlicher Verschränkungen sind mit dem Ansatz nach HELLMANN geometriebasierte Fertigungssimulationen für die Hartfeinbearbeitungsverfahren (diskontinuierliches Profilschleifen und kontinuierliches Wälzschleifen) durchgeführt worden [HELL15].

Darauf aufbauend wird in dieser Arbeit der in Bild 4-1 beschriebene Radsatz der Firma VOLKSWAGEN untersucht. Für die Bewertung des Anregungsverhaltens wird der sensitive Kennwert Drehfehler herangezogen. Ausgehend von den Serienkorrekturen, die für den Anwendungsfall vom Hersteller ausgelegt wurden, wird in **Bild 5-2** das resultierende Anregungsverhalten unter ausschließlicher Variation der Verschränkung abgebildet. Die Drehfehlerverläufe bilden den idealen Zustand der Verzahnung ohne überlagerte Fertigungs- oder Montagetoleranzen ab, wohingegen die im Seriengetriebe auftretenden lastbedingten Verlagerungen berücksichtigt sind. Diese Verlagerungen führen im Zahneingriff zu einer über dem Drehmoment linear veränderlichen Flankenlinien-Winkelabweichung, die bei Nenndrehmoment einen Betrag von $C_{H\beta}$ = 0 µm aufweist. Um diese Verlagerung vorzuhalten, ist im Zugbetrieb die linke Flanke des Ritzels mit einer Flankenlinien-Winkelkorrektur versehen, während die rechte Flanke im Schubbetrieb keine großen Lasten erfährt und demnach ohne eine Winkelkorrektur ausgelegt worden ist. Die lastabhängigen Drehfehlerverläufe der ersten Zahneingriffsordnung für die zu untersuchenden Varianten sind für die Zugflanke in Bild 5-2 dargestellt.

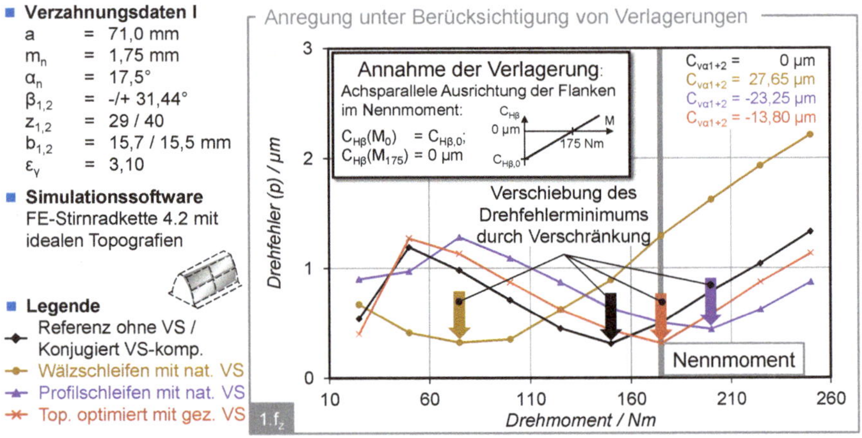

Bild 5-2: Simulierter Drehfehlerverlauf in Abhängigkeit des Parameters Verschränkung
Simulated Transmission Error as a Function of the Parameter Flank Twist

Die Varianten sind wie folgt hinsichtlich des Anregungsverhaltens charakterisiert:

- Referenz — ohne VS
  Konjugiert VS-kompensiert — in Summe ohne VS
- Wälzschleifen — mit natürlicher VS
- Profilschleifen — mit natürlicher VS
- Top. optimiert — mit gezielter VS – Fokus: Drehfehler

Die Ergebnisse zeigen, wie sich die Varianten bzgl. des Drehfehlers in Abhängigkeit ihrer Verschränkungen und des Drehmomentes unterscheiden. Die Unterschiede sind auf die Ausprägung der Verschränkung zurückzuführen. Die Verschränkung führt zu einer diagonalen Ausbildung der Kontaktzone. Bezogen auf die Variante Referenz ohne VS kann eine Verschiebung des für den Drehfehlerverlauf typischen Minimums zu niedrigeren Drehmomenten durch die natürliche Verschränkung des Wälzschleifens festgestellt werden. Entsprechend der entgegengesetzten Charakteristik der natürlichen Verschränkung des Profilschleifens ergibt sich hierfür eine Verlagerung des Minimums hin zu höheren Drehmomenten. Hierbei bleibt der Betrag des Drehfehlers auf einem ähnlichen Niveau.

Die Verschiebung des Minimums ist auf die lastabhängige, wirksame Gesamtüberdeckung unter Berücksichtigung der Mikrogeometrie zurückzuführen. Das Minimum ist auf die Phasenlage des lastfreien und lastbedingen Drehfehlers zurückzuführen [UMEY98, MOHA09, GERA19]. Dieser Einfluss wird insbesondere bei der Betrachtung der gegensinnigen Verschränkung deutlich. So belegen die Ergebnisse, dass der Drehfehlerverlauf infolge der natürlichen Verschränkung aus dem Wälzschleifprozess durch die vorstehende Flanke im Bereich des Eingriffsbeginns maßgeblich beeinflusst wird. Daraus resultierend nimmt die wirksame Gesamtüberdeckung zu und das charakteristische Drehfehlerminimum verschiebt sich zu niedrigen Lasten.

Dementsprechend kann bei einer Betrachtung der Sollmodifikation das Wälzschleifen zu einer Verbesserung des Anregungsverhaltens für dieses Verzahnungsbeispiel im Niedriglastbereich führen, während das Profilschleifen eine im Bereich des Nenndrehmomentes vergleichsweise geringere Anregung aufweist. Mit diesen Erkenntnissen kann eine Optimierung des Drehfehlerverlaufes hinsichtlich des Drehfehlerminimums durch gezielte Variation des Verschränkungsbetrages erfolgen.

Werden die Varianten Referenz und topologisch optimiert verglichen, kann für den Kennwert Drehfehler unter Berücksichtigung der lastbedingten Verlagerung eine Verbesserung des Einsatzverhaltens im Nenndrehmoment bei nur geringen Einbußen im Niedriglastbereich erreicht werden. Es ist festzustellen, dass die initiale Auslegung der Verzahnung (Referenz) bereits eine sehr niedrige Anregung aufweist.

Die simulative Analyse des Anregungsverhaltens ist unter quasistatischen Randbedingungen bei unterschiedlichen Lastpunkten durchgeführt worden. Neben den genannten vier Hauptvarianten ist weiterhin das Anregungsverhalten einer konjugiert kompensierten Radpaarung untersucht worden, um durch einen Vergleich mit der verschränkungsfreien Referenz die Gesamtabweichungen im Eingriff zu bewerten.

5.3 Verzahnungsfertigung und Qualitätsprüfung

Gear Manufacturing and Quality Inspection

Für die experimentellen Untersuchungen sind die Verzahnungen im wärmebehandelten Zustand durch die Firma Volkswagen zur Verfügung gestellt und von der Firma Reishauer geschliffen worden. Die bearbeiteten Verzahnungen sind nach der Fertigung bzgl. der vorgegebenen Modifikationen ausgewertet worden. Die Verzahnungsmessung erfolgte auf dem Verzahnungsmesszentrum P40 der Firma KLINGELNBERG. Es sind für alle Varianten jeweils ein Ritzel und zwei Räder gefertigt worden. Dabei wurde das Zahnrad mit der höheren Fertigungsgüte der linken Flanke mit beiden Flanken des Ritzels gepaart, die im Folgenden ausgewertet werden.

Für die Variante Referenz ist die Auswertung exemplarisch in **Bild 5-3** gezeigt. Hierbei beziehen sich die in den Diagrammen eingetragenen Größen auf die Abweichung zur Sollvorgabe. Für die in Bild 5-3 gezeigte Variante galt eine Verschränkungsvorgabe von $C_{v\alpha}$ = 0,0 µm, die mit einer maximalen Abweichung am Ritzel von $\Delta C_{v\alpha,1,rechts}$ = -3,5 µm sehr gut erreicht wird. Neben der vorgestellten Verzahnung ist die Verzahnungsqualität aller untersuchten Zahnräder zeichnungskonform und reproduzierbar gefertigt worden. Die analog zur Referenzvariante ausgewerteten Verzahnungsmessungen sind dem Anhang zu entnehmen, vgl. **Bild 11-1** bis **Bild 11-4**.

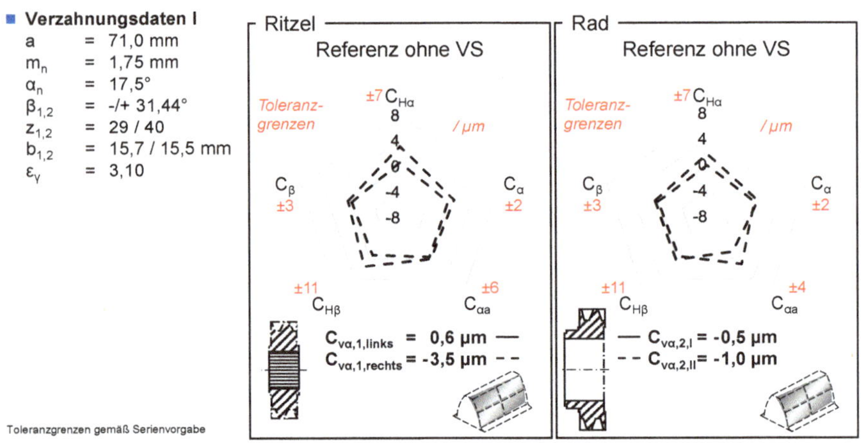

Bild 5-3: Verzahnungsmessung – Abweichung zur Sollmodifikation: Referenz ohne VS

Gear Measurement – Deviation to Target Modification: Reference Twist-Free

Die Auswertung der Verschränkungen aller Varianten ist in **Tabelle 5-1** zusammengefasst. Das Ziel der konjugiert verschränkungskompensierten Variante war es, in der Summe der Verschränkung von Rad und Ritzel einen Wert von $C_{v\alpha,1+2}$ = 0 µm zu erreichen. Da diese Variante lediglich dem Vergleich zur Referenz dient, wurde nur die rechte Flanke untersucht und ausgewertet. Mit der entsprechenden Paarung des zweiten Zahnrades kann eine Verschränkung im Eingriff von $C_{v\alpha,1+2}$ = 0,3 µm erzielt werden.

Für die Bestimmung der natürlichen Verschränkungen gemäß Bild 5-2, die sich aus dem Wälz- und Profilschleifprozess ergeben, ist der Berechnungsansatz nach HELLMANN zur Verschränkungsvorhersage gewählt worden [HELL15]. Nach diesem Ansatz ist die natürliche Verschränkung resultierend aus dem Wälzschleifprozess von den Prozessparametern unabhängig. Sie wird lediglich durch Verzahnungsparameter beeinflusst. Der Vergleich zeigt, dass die Verschränkungsprognose für den Fall der Variante Wälzschleifen natürliche Verschränkung sehr gut die reale Fertigung der Verzahnung abbildet. Bei dem Profilschleifverfahren weist die natürliche Verschränkung eine Abhängigkeit von dem vorhandenen Schleifscheibendurchmesser und dem eingestellten Schwenkwinkel auf. Diese Größen sind bei der simulativen Betrachtung mit Referenzwerten angenommen worden, sodass sich hier Abweichungen für die Variante Profilschleifen natürliche Verschränkung ergeben, die für diese Untersuchungen jedoch innerhalb einer vertretbaren Toleranz liegen.

Tabelle 5-1: Auswertung der gefertigten Verschränkungen
Evaluation of the Manufactured Flank Twist

	Ritzel		Rad	
	linke Fl. $C_{v\alpha,1,links}$ / µm	rechte Fl. $C_{v\alpha,1,rechts}$ / µm	Zahnrad I $C_{v\alpha,2,I}$ / µm	Zahnrad II $C_{v\alpha,2,II}$ / µm
Referenz ohne VS	0,6	-3,5	-0,5	-1,0
Konjugiert VS.-komp.	-	10,7	-12,2	-10,4
Wälzschleifen nat. VS	13,5	12,5	14,8	14,9
Profilschleifen nat. VS	-17,9	-14,4	-19,5	-19,3
Top. opt. gezielte VS	(0,6)	(-3,5)	-14,5	-13,2

Die topologisch optimierte Variante wurde gezielt mit einer definierten Verschränkung gefertigt, die auf Basis von FE-Simulationen ein optimiertes Einsatzverhalten aufweist. Für diese Variante wird die im Eingriff vorgegebene Verschränkung durch die Paarung des verschränkungsfrei gefertigten Ritzels mit einer gezielten Modifikation des Rades erreicht. Somit wurde die Verschränkung ausschließlich auf das Rad aufgebracht. Zusammengefasst werden die in Bild 5-2 angenommenen und unter anderem mittels des Ansatzes nach HELLMANN ermittelten Verschränkungen in der Fertigung hinsichtlich der Summe der Verschränkung von Rad und Ritzel mit einer hohen Genauigkeit erreicht [HELL15].

5.4 Versuchsaufbau und -durchführung

Test Setup and Execution

Die Drehfehlermessung erfolgte auf dem elektrischen Verspannungsprüfstand unter Verwendung der Stirnradmesszelle, vgl. Kapitel 4.2. Für die Aufnahme der Verzahnungen waren Anpassungskonstruktionen notwendig. Für die präzise Ausrichtung ist ein Ausrichtewerkzeug in Form von zwei Zylindern notwendig, deren Außendurchmesser dem Wälzkreisdurchmesser entsprechen, vgl. **Bild 5-4** links. Diese werden auf die für die Verzahnung ausgelegten Flansche montiert, sodass der Achsabstand sowie die

Achsparallelität mithilfe einer Tragbildprüfung gewährleistet und durch den auf dieser Grundlage eingebrachten Verstiftung reproduzierbar eingehalten werden kann.

Um die Verzahnungen, die in einem Pkw-Handschaltgetriebe verbaut werden, auf der Stirnradmesszelle zu untersuchen, war zudem eine Anpassung der Radkörpergeometrie erforderlich. Die Bearbeitung des Radsatzes ist in Bild 5-4 mittig dargestellt.

Hierbei ist zunächst für eine eindeutige Anlagefläche bei der Fertigung und den Prüfläufen die Paarung an den Stirnflächen planparallel geschliffen worden. Für eine definierte Passung zwischen Bohrung und Welle ist die Bohrung der Verzahnung in einem Schlichtgang hart ausgedreht und anschließend mit einer Passfedernut versehen worden, über die das Drehmoment übertragen wird. Dieses Vorgehen war sowohl für das Rad als auch für das Ritzel notwendig.

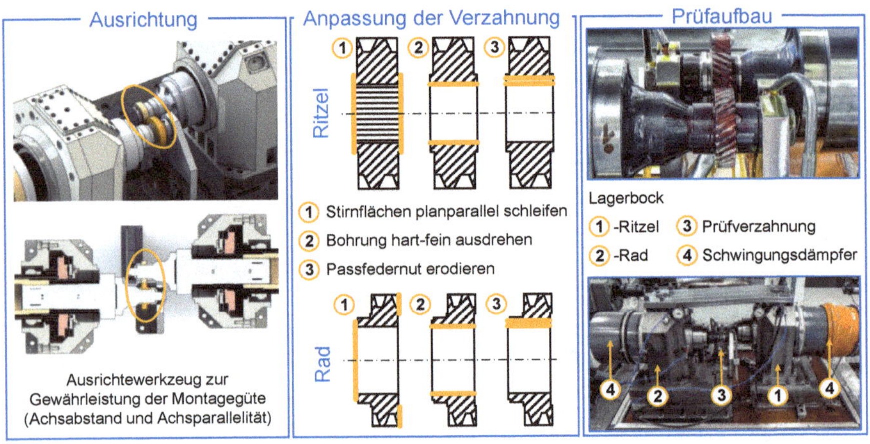

Bild 5-4: Ausrichtung des Prüfaufbaus, Anpassung der Verzahnung und Aufbau der Stirnradmesszelle

Alignment of the Test Setup, Adaptation of the Gears and Setup of the Cylindrical Gear Measurement Cell

Der Aufbau der Stirnradmesszelle ist in Bild 5-4 rechts dargestellt. Für die Validierung der berechneten Drehfehler sind gleiche Prüfbedingungen wie in den Simulationen zu schaffen. Dementsprechend ist prüfstandseitig eine geringe Drehzahl in Anlehnung an die genormte Einflanken-Wälzprüfung von $n_1 = 60\ \text{min}^{-1}$ gewählt worden. Die Last wurde von $M_1 = 20$ Nm bis 250 Nm in einer Schrittweite von $\Delta M_1 = 10$ Nm variiert.

5.5 Einfluss der Verschränkung auf das Anregungsverhalten

Influence of Flank Twist on the Excitation Behavior

Bei der folgenden Untersuchung wird zunächst eine Beurteilung der im Eingriff befindlichen Kontaktbedingungen vorgenommen. Hierzu wurden auf zwei Weisen die gleiche

Abweichungsfläche bzw. Kontaktgeometrie gefertigt und das Anregungsverhalten beider Varianten miteinander verglichen. Für diese Gegenüberstellung ist ein annähernd gleiches Anregungsverhalten zu erwarten. Auf diese Weise können Potenziale zur Aufteilung von Verschränkungsbeträgen oder dem topologischen Schleifen von nur einem Zahnrad einer Radpaarung aufgezeigt werden. Für die Verifizierung des Einflusses der Verschränkung auf das Anregungsverhalten werden anschließend die anhand der experimentellen Untersuchungen gewonnenen Erkenntnisse exemplarisch für die Referenz sowie die topologisch optimierte Variante beschrieben. Abschließend erfolgt die Validierung aller untersuchten Varianten.

5.5.1 Anregungsverhalten bei gleicher Abweichungsfläche

Excitation Behavior with the Same Ease-Off

Für diese Untersuchungen sind seriennahe Modifikationen geschliffen worden. In **Bild 5-5** sind neben den Verzahnungsdaten die Abweichungsflächen dargestellt. Die Abweichungsflächen beschreiben die Kontaktabstände der abwälzenden Radpaarung und repräsentieren im gezeigten Fall die Zahnflankentopografie der Referenz ohne VS sowie einer konjugiert verschränkungskompensierten Radpaarung. Im Fall der konjugierten Korrektur ist das Rad zum Ritzel mit einer entgegengesetzten Verschränkung mittels des Wälzschleifverfahrens topologisch gefertigt worden, während das Ritzel konventionell wälzgeschliffen wurde. Auf diese Weise konnte in der Abweichungsfläche eine Verschränkung von $C_{v\alpha 1+2} \approx 0{,}0$ µm angenähert werden.

- **Verzahnungsdaten I**
  a = 71,0 mm
  m_n = 1,75 mm
  α_n = 17,5°
  $\beta_{1,2}$ = -/+ 31,44°
  $z_{1,2}$ = 29 / 40
  $b_{1,2}$ = 15,7 / 15,5 mm
  ε_γ = 3,10
- **Simulationssoftware**
  FE-Stirnradkette 4.2 mit gemessenen Topografien
- **Variante**
  Referenz ohne VS
  Konjugiert VS-komp.

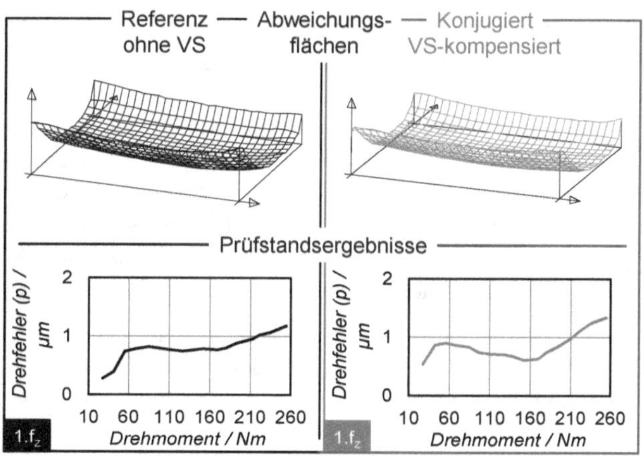

Bild 5-5: Drehfehler der Varianten Referenz ohne VS und konjugiert VS-kompensiert – Erste Zahneingriffsordnung

Transmission Error of the Variants Reference Twist-Free and Twist-Compensated – First Gear Mesh Order

Die Gegenüberstellung belegt in beiden Fällen die verschränkungsfreie Kontaktgeometrie unter Berücksichtigung einer geringfügigen Fertigungsstreuung. Die vergleichbaren Abweichungsflächen spiegeln sich auch im experimentell ermittelten Drehfehlerverlauf wider. Demnach ist ein gemeinsamer Anstieg des Drehfehlers bis ca. M_1 = 50 Nm zu verzeichnen. Anschließend folgt ein geringfügiger Abfall, worauf ein erneutes Ansteigen des Drehfehlers zu beobachten ist. Die generelle Charakteristik des Drehfehlers ist vergleichbar mit der aus Bild 5-2.

Zusammenfassend kann für diese Untersuchung der Nachweis geliefert werden, dass die im Eingriff auftretende Kontaktgeometrie für das Anregungsverhalten maßgeblich ist. Demnach führen unterschiedliche Rad- und Ritzeltopografien bei einer vergleichbaren Kontaktgeometrie im Eingriff der Paarung zu einem ebenso vergleichbaren Anregungsverhalten. Folglich ist es möglich, durch gezielte Paarung eines z.B. profilgeschliffenen Ritzels mit einem wälzgeschliffenen Rad jeweils mit natürlichen Verschränkungen ein vergleichbares Einsatzverhalten wie bei einem gezielt verschränkungsfrei gefertigten Radsatz zu erreichen. Insbesondere können bei Großverzahnungen und Einzelteilfertigungen bei einer Fertigungsabweichung eines Rades das Gegenrad zur Kompensation der Abweichung korrigiert bearbeitet werden. Demnach kann eine optimiert ausgelegte Verschränkung sowohl auf das Rad als auch auf das Ritzel oder auf beide Räder, unter Berücksichtigung der Orientierung, aufgeteilt aufgebracht werden.

5.5.2 Verifizierung des Verschränkungseinflusses

Verification of the Flank Twist Influence

Für die folgenden Untersuchungen wurden die Modifikationen, abgesehen von der Verschränkung, ohne Änderungen gegenüber der Serie übernommen. In **Bild 5-6** oben sind die Abweichungsflächen für die linke und rechte Flanke abgebildet, die in der FE-STIRNRADKETTE berücksichtigt wurden. Aufgrund von gleichen Modifikationen der Flanken des Rades wurde dieses für die Untersuchung je Variante nur mit einer Flanke getestet und das Ritzel für die Untersuchung der jeweils anderen Flanke gedreht montiert. Auf diese Weise kann der Einfluss der Montage sowie der Verlagerungen infolge von anders gerichteten Kräften minimiert und die gemessenen Effekte isoliert auf die Flankentopografie des Ritzels zurückgeführt werden.

Neben den gemessenen Beträgen der Verschränkung, vgl. Bild 5-6 links, kann dieser Darstellung auch die Ausprägung der Verschränkung der Zahnflankentopografie im Eingriff entnommen werden. Die simulativ und die auf dem Prüfstand für diese Verzahnung ermittelten Drehfehlerverläufe über dem Antriebsmoment sind unten für beide Flanken gegenübergestellt. An dieser Stelle ist der verlagerungsarme Aufbau des Prüfstandes zu berücksichtigen, wodurch sich bei der Untersuchung der Verzahnung keine lastbedingte Charakteristik in der Winkelabweichung ergibt, wie es in der Serienapplikation der Fall ist, vgl. Bild 5-2.

Die Gegenüberstellung der Ergebnisse für die linke und rechte Flanke zeigen, dass die serienmäßig vorgehaltene Flankenlinien-Winkelabweichung auf der linken Flanke dazu führt, dass das Minimum im Drehfehlerverlauf sehr viel stärker ausgeprägt ist und bei einem im Vergleich niedrigeren Drehmoment vorliegt. Werden die dargestellten Ergebnisse der Berechnung mit den experimentell ermittelten Drehfehlerverläufen verglichen, sind nur geringe Abweichungen zu verzeichnen und es ist eine hohe Übereinstimmung bzgl. des Verlaufes und Betrages festzustellen. Gleiches gilt für die Rechtsflanke, die ohne überlagerte Flankenlinien-Winkelabweichung gefertigt wurde.

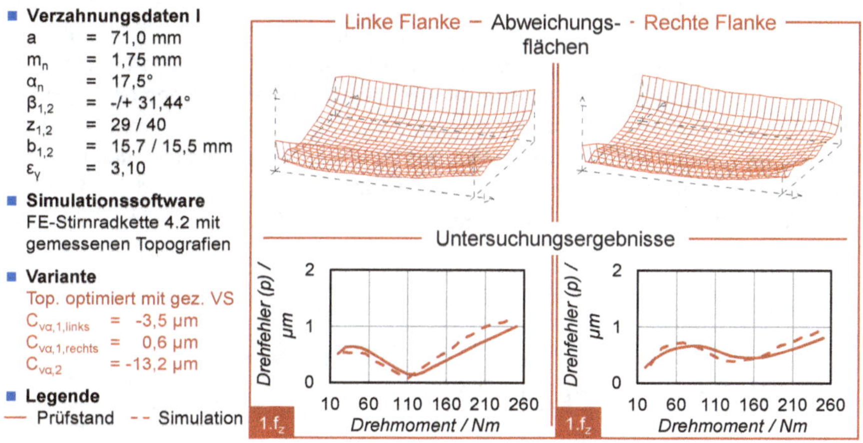

Bild 5-6: Drehfehler der Variante topologisch optimiert mit gezielter VS – Erste Zahneingriffsordnung

Transmission Error of the Variant Topologically Optimized with a Targeted Flank Twist – First Gear Mesh Order

5.6 Validierung der Zahnkontaktanalyse für kurzwellige Abweichungen

Validation of the Tooth Contact Analysis for Short-Wave Deviations

Der Nachweis des Potenzials zur zielgerichteten Beeinflussung des Drehfehlerminimums durch eine Verschränkung und die Validierung der Zahnkontaktanalyse wird anhand der in Kapitel 5.2 beschriebenen Varianten in **Bild 5-7** dargestellt. Zunächst ist für alle Varianten eine gleiche Charakteristik des Drehfehlerverlaufes zu verzeichnen, wonach jede Variante ein charakteristisches Minimum aufweist. Im Vergleich ist die Anordnung und Lage dieser Drehfehlerminima über dem Drehmoment für die Simulation und den Prüfstand sowohl für die linke Flanke als auch für die rechte Flanke identisch.

In den in Bild 5-2 gezeigten Untersuchungen ist zur Abbildung der realen Einsatzbedingungen im Pkw-Getriebe gegenüber den Bedingungen auf der Stirnradmesszelle eine veränderliche Flankenlinien-Winkelabweichung über dem Drehmoment und eine ideale Zahnflankenkorrektur berücksichtigt. Trotz der Tatsache, dass dieses lastabhängige Verhalten im Prüfstand nicht nachgebildet wird und die Wellen in guter Näherung achsparallel unter Last verbleiben, ist eine gleiche Einordnung der Minima vorzufinden. Insbesondere ist für die rechte Flanke, die den Achslagenzustand und die Kontaktbedingungen des Nenndrehmomentes abbildet, auch eine gleiche Größenordnung des Drehfehlers wie in Bild 5-2 zu verzeichnen.

Die Untersuchungen zeigen eine sehr hohe Berechnungsgüte der FE-STIRNRADKETTE. Es ist also möglich, das Anregungsverhalten für ein bestimmtes Nenndrehmoment mit einer gezielten Verschränkung zu optimieren bzw. zu verschieben und demnach das Anregungsverhalten für das Nenndrehmoment zu minimieren. Im Rahmen der Entstehung dieser Arbeit sind über den gezeigten Verzahnungsfall hinaus weitere Verzahnungen mit unterschiedlichen Baugrößen simulativ und experimentell untersucht worden, welche ebenfalls die Gültigkeit der FE-STIRNRADKETTE belegen und das Potenzial der Verschränkung verifizieren [BREC20a, BREC20b, BREC20c, BREC20d, BREC20e].

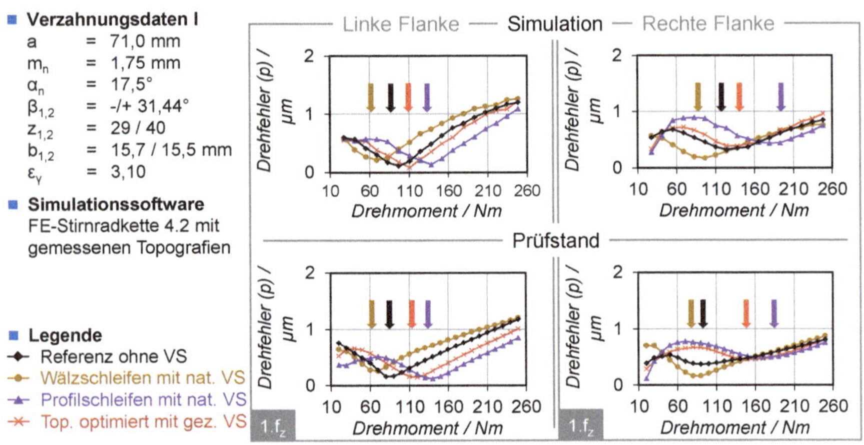

Bild 5-7: Zusammenfassung der quasistatischen Drehfehleruntersuchungen
Summary of the Quasi-Static Transmission Error Investigations

5.7 Fazit

Conclusion

Das Ziel der in diesem Kapitel vorgestellten Untersuchungen ist der experimentelle Nachweis und das theoretische Verständnis des funktionalen Potenzials der Verschränkung zur gezielten Beeinflussung des Anregungsverhaltens. Im Fokus stehen dabei die Hartfeinbearbeitungsverfahren diskontinuierliches Profilschleifen und kontinuierliches Wälzschleifen.

Die gezeigten Ergebnisse können den Nachweis des Potenzials für eine Serienverzahnung aus dem Bereich der Pkw-Anwendung erbringen. In den zugrundeliegenden Untersuchungen kann zudem gezeigt werden, dass die im Eingriff wirksame Kontaktgeometrie für das Anregungsverhalten maßgeblich ist. Demnach führen unterschiedliche Rad- und Ritzeltopografien bei einer vergleichbaren Kontaktgeometrie zu einem ebenso vergleichbaren Anregungsverhalten. Dies wird am Beispiel einer konjugierten Korrektur durch eine entgegengesetzt verschränkt geschliffene Verzahnung und eine topologisch verschränkungsfreie Radpaarung nachgewiesen.

Die detaillierte Analyse der Kontaktverhältnisse liefert zudem die Erklärung des Einflusses der unterschiedlich ausgeprägten Verschränkungen auf die resultierende wirksame Gesamtüberdeckung. Demzufolge wird der charakteristische Drehfehlerverlauf infolge einer natürlichen oder gezielten Verschränkung durch den vorstehenden bzw. nachstehenden Flankenbereich des Eingriffsbeginns maßgeblich bestimmt.

Zusammengefasst kann die erste Forschungsfrage beantwortet und das Potenzial der Verschränkung zur gezielten Beeinflussung des Anregungsverhaltens und der Verschiebung des Drehfehlerminimums belegt werden. Weiterhin kann auf Basis der durchgeführten Untersuchungen die Gültigkeit der definierten Auslegung und der Zahnkontaktanalyse für die Verschränkung anhand des gezeigten Serienradsatzes nachgewiesen werden. Auf diese Weise kann das Vorgehen auf weitere Verzahnungsfälle im Auslegungsprozess angewandt und neben den Standardmodifikationen die Verschränkung als weitere Größe im toleranzfeldbasierten Optimierungsprozess hinzugezogen werden.

6 Auswirkungen von langwelligen Abweichungen auf das Anregungs- und Geräuschverhalten von Stirnradverzahnungen

Effects of Long-Wave Deviations on the Excitation and Noise Behavior of Cylindrical Gears

Langwellige Abweichungen resultieren in veränderlichen Kontaktbedingungen über den Zahnradumfang. Um die Auswirkungen dieser Abweichungsarten, die periodisch oder stochastisch veränderlich über eine Radumdrehung vorliegen können, auf das Anregungsverhalten zu analysieren, muss zunächst der Einfluss dieser Abweichungen auf die Kontaktbedingungen untersucht werden. Demnach wird gemäß der zweiten Forschungsfrage ein tiefgehendes Verständnis über die Auswirkungen von Exzentrizitäten, Taumel- sowie Teilungsabweichungen auf die Kontaktgeometrien und anschließend auf das Anregungs- und Geräuschverhalten aufgebaut.

Es ist anzunehmen, dass sich Exzentrizitäten und Taumelabweichungen in erster Linie auf die Rundlaufabweichung und auf die Teilungs-Gesamtabweichung auswirken. Aufgrund der Achsabstandsänderung während einer Umdrehung des Zahnrades ist zudem eine Profil-Winkelabweichung sowie bei Schrägverzahnungen eine Flankenlinien-Winkelabweichung und ein Einfluss auf die Verschränkung in beiden Fällen zu erwarten. Eine veränderliche Teilungsabweichung hat im Eingriff eine konstante Verschiebung der Kontaktabstände zur Folge. Demnach erfolgt eine Verschiebung der Berührlinie mit nur geringen Auswirkungen auf die Kontaktgeometrie. Dies gilt es zu untersuchen und weiterführend das resultierende langwellige Anregungsverhalten drehmoment- sowie zum Teil makrogeometrieabhängig zu analysieren.

6.1 Einfluss von langwelligen Abweichungen auf die Kontaktgeometrie

Influence of Long-Wave Deviations on the Contact Geometry

Der Einfluss der langwelligen Abweichungsarten auf die Kontaktgeometrien wird experimentell ermittelt. Die Vorgehensweise dieser Untersuchungen für den Fall der Exzentrizität und Taumelabweichung ist in **Bild 6-1** dargestellt. Demzufolge sind Wellenflansche gefertigt und gezielte Abweichungen in der Verzahnungsmessung eingebracht worden. Der Verzahnungssitz des Referenzflansches weist eine hohe Güte in der Koaxialität auf. Um den Einfluss der Exzentrizität zu untersuchen, ist ein Flansch mit einer Exzentrizität von f_e = 50 µm und ein weiterer mit f_e = 100 µm gefertigt worden. Die Analyse des Taumels erfolgt mithilfe von Störelementen auf dem Referenzflansch, welche an der Anlagefläche des Zahnrades positioniert werden und durch ein anschließendes Verspannen des Zahnrades auf dem Wellenflansch einen Taumelwinkel in der Verzahnung zur Folge haben.

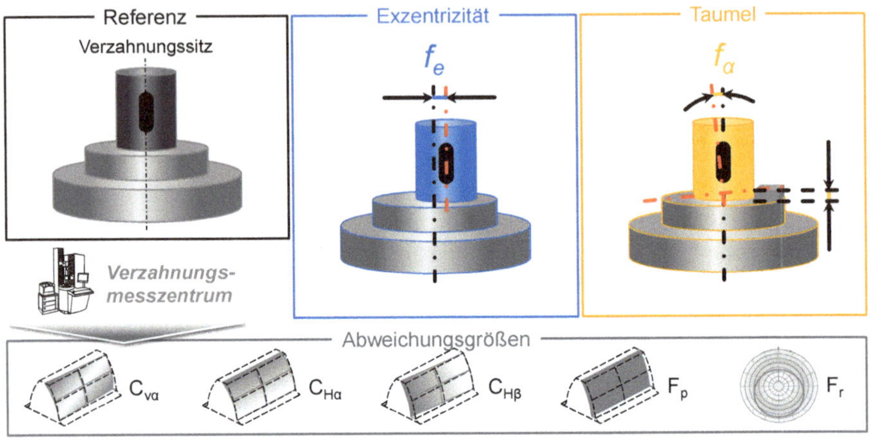

Bild 6-1: Untersuchung des Einflusses von Form- und Lageabweichungen von Zahnrädern auf die Mikrogeometrie

Investigation of the Influence of Form and Position Deviations of Gears on the Micro Geometry

Die gezielt gefertigte Teilungsabweichung wurde auf dem Referenzflansch untersucht. Die zu betrachtenden Verzahnungsfälle wurden auf einem Verzahnungsmesszentrum des Typs P16 der Firma KLINGELNBERG hinsichtlich folgender Abweichungen analysiert:

- Verschränkung $C_{v\alpha}$
- Profil-Winkelabweichung $C_{H\alpha}$
- Flankenlinien-Winkelabweichung $C_{H\beta}$
- Teilungs-Gesamtabweichung F_p
- Rundlaufabweichung F_r

Die Messungen wurden an drei Prüfverzahnungen (Verzahnungen II, III, IV) durchgeführt, deren Verzahnungsdaten in Bild 4-1 dargestellt sind. Demnach handelt es sich um eine Geradverzahnung sowie zwei Schrägverzahnungen. Die Untersuchungen unterschiedlicher Schrägungswinkel ist darin begründet, dass die Exzentrizität in Abhängigkeit des Schrägungswinkels β Auswirkungen auf den Messpfad hat. Dies ist in **Bild 6-2** erläutert.

Wird ein geradverzahntes Zahnrad exzentrisch aufgespannt, hat dies im Allgemeinen Auswirkungen auf den Profi-Linienmessschrieb, vgl. Bild 6-2 links. Hierbei wird die Zahnflanke in einem ortsfesten, von der Lage der Verzahnung unabhängigen Koordinatensystem in Profilrichtung abgefahren und zur idealen Evolvente referenziert ausgewertet.

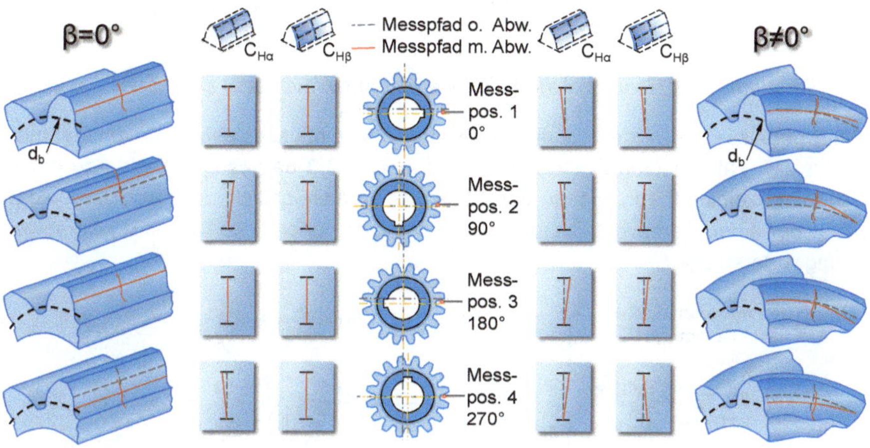

Bild 6-2: Auswirkungen der Exzentrizität auf den Messpfad für Gerad- und Schrägverzahnungen

Effects of Eccentricity on the Measurement Path for Spur and Helical Gears

Die zu einer abweichungsfreien Verzahnung nach oben bzw. nach unten versetzten Messpfade in Profilrichtung führen sowohl in der Messung als auch im späteren Einsatz zu einer periodisch schwankenden Profil-Winkelabweichung. Der Flankenlinienmessschrieb hingegen ist parallel in Richtung des Zahnkopfes bzw. des Zahnfußes versetzt, was lediglich die Teilungsmessung beeinflusst, allerdings zu keiner Abweichung in der Flankenlinienmessung führt und auch keinen Einfluss auf die Verschränkung aufweisen sollte.

Anders verhält es sich bei einer Schrägverzahnung. Hier kommt es zu einer Verkippung der Messpfade, da der zum Tragen kommende Betrag der Exzentrizität über der Verzahnungsbreite veränderlich ist und sich der Messtaster demnach relativ zur Verzahnung auf unterschiedlichen Durchmessern befindet. Ähnlich wie bei der Geradverzahnung ist eine einfach-periodische Schwankung der Profil-Winkelabweichung zu erwarten. Allerdings führt der verkippte Messpfad in Flankenrichtung bei einer Schrägverzahnung zusätzlich zu einer gleichermaßen schwankenden Flankenlinien-Winkelabweichung.

Bei einer Außermittigkeit der Rotationsachse ist die Exzentrizität für beide Fälle in der Rundlaufabweichung mit gleichem Betrag wiederzufinden. Dies ist darauf zurückzuführen, dass die Evolvente der Einzelflanke relativ zur Maschinenachse auf periodisch schwankenden Grundkreisdurchmessern beginnt. Im Folgenden werden aufbauend auf diesen Erkenntnissen die Messergebnisse einer Gerad- und Schrägverzahnung mit einer Exzentrizität analysiert.

6.2 Messergebnisse zum Einfluss langwelliger Verzahnungsabweichungen

Measurement Results of the Influence of Long-Wave Gear Deviations

Die Ergebnisse zur Untersuchung des Exzentrizitätseinflusses auf die Kontaktgeometrie für den Fall der Geradverzahnung sind in **Bild 6-3** dargestellt. Analog zu der in Bild 6-2 gezeigten theoretischen Vorüberlegung wird ersichtlich, dass sich die Exzentrizität bei einer Geradverzahnung in einer einfach-periodischen Profil-Winkelabweichung widerspiegelt.

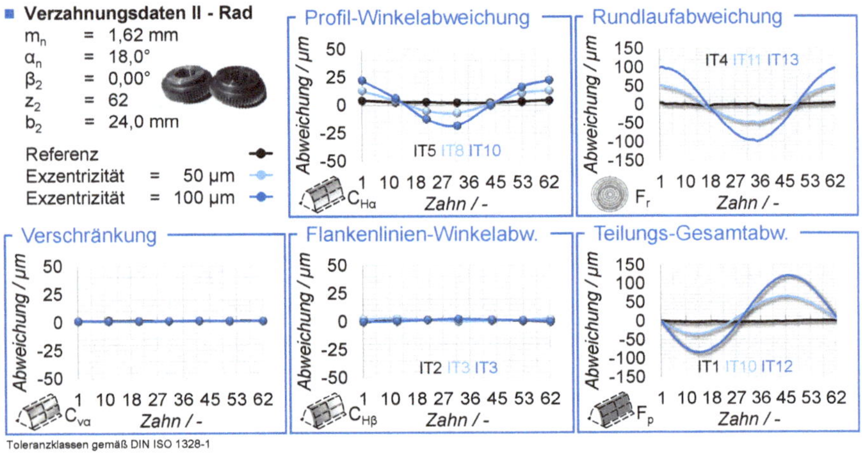

Bild 6-3: Auswirkungen der Exzentrizität auf die Verzahnungsmessung einer Geradverzahnung

Effects of Eccentricity on the Gear Measurement of a Spur Gear

Eine Exzentrizität von $f_e \approx 100$ µm führt demnach für diesen Verzahnungsfall zu einer Profil-Winkelabweichung von $C_{H\alpha} \approx 20$ µm. Eine Halbierung der Exzentrizität führt ebenso zu einer Halbierung der maximalen Profil-Winkelabweichung. Der Betrag der Exzentrizität findet sich gleichermaßen in der Rundlaufabweichung wieder. Wie zuvor begründet, lassen sich keine signifikanten Abweichungen in der Flankenlinien-Winkelabweichung und analog hierzu in der Verschränkung wiederfinden. Für das Verzahnungsbeispiel führt eine Exzentrizität von $f_e \approx 100$ µm zu einer nahezu ebenso hohen Teilungs-Gesamtabweichung.

Neben der Geradverzahnung wurde eine Schrägverzahnung untersucht, um die in Bild 6-2 beschriebenen Effekte vollständig zu analysieren. **Bild 6-4** zeigt die auf gleiche Weise ausgewerteten Ergebnisse. Im Vergleich zur Geradverzahnung ist eine deutliche Ausprägung der schwankenden Flankenlinien-Winkelabweichung festzustellen. Auffällig ist in diesem Fall, dass die Winkelabweichungen vergleichbare Beträge aufweisen, das Vorzeichen allerdings entgegengesetzt ist. Zudem ist für diesen Fall eine geringfügige Zunahme der Verschränkung zu verzeichnen.

Die Rundlaufabweichung entspricht auch in diesem Fall betragsmäßig der Exzentrizität. Aufgrund des unterschiedlichen Moduls, der Zähnezahl und des Teilkreisdurchmessers ergibt sich ein geringfügig anderer Verlauf der Teilungs-Gesamtabweichung als bei der Geradverzahnung. Demnach bestätigen sich die zu Beginn getroffenen Annahmen.

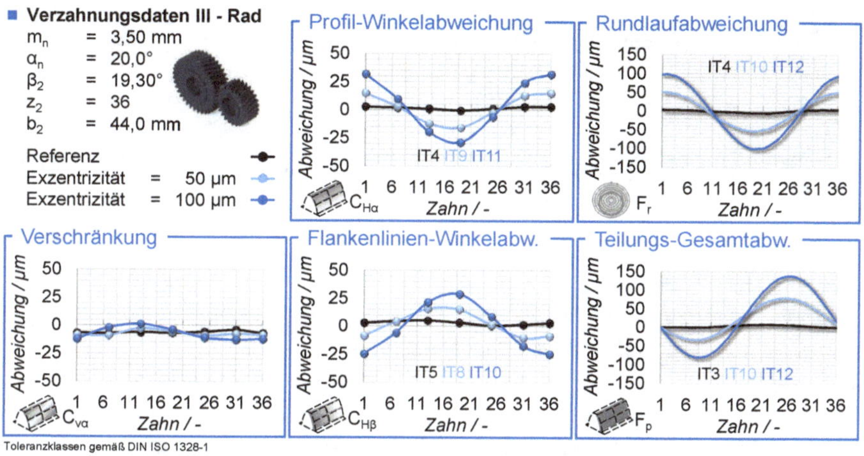

Bild 6-4: Auswirkungen der Exzentrizität auf die Verzahnungsmessung einer Schrägverzahnung

Effects of Eccentricity on the Gear Measurement of a Helical Gear

Für die Betrachtung des Einflusses des Taumels auf die oben genannten Abweichungsgrößen ist ein ähnliches Verhalten der jeweiligen Größen festzustellen, vgl. **Bild 6-5**. Demnach ist für jede Abweichung ein periodischer Verlauf über den Umfang zu verzeichnen.

Anders als im Fall der Exzentrizität ist für die gemessenen Modifikationen ein Phasenversatz zueinander zu erkennen. Weiterhin ist durch die modifizierte Aufnahme eine Verschiebung der Kurven über dem Umfang zu verzeichnen. Neben der Beeinflussung der Mikrogeometrie ist der Einfluss des Taumels ebenfalls in den Größen Rundlaufabweichung und Teilungs-Gesamtabweichung ersichtlich. Dieser Effekt ist analog zur Exzentrizität auf die Referenzierung dieser Größen auf einem konstanten Durchmesser zurückzuführen. Auf diese Weise entsteht bei einem Schnitt entlang der Ebene eines verkippten Zahnrades eine Ellipse, die zu einer periodischen Teilungs- und Rundlaufabweichung führt.

Neben der Referenzvariante ohne gezielte Abweichung wurde die Teilungsabweichung mittels des diskontinuierlichen Profilschleifprozesses derart aufgebracht, dass der in **Bild 6-6** dargestellte Radsatz durch einen vierfachen Sinus im Verlauf der Teilungsabweichung am Umfang gekennzeichnet ist.

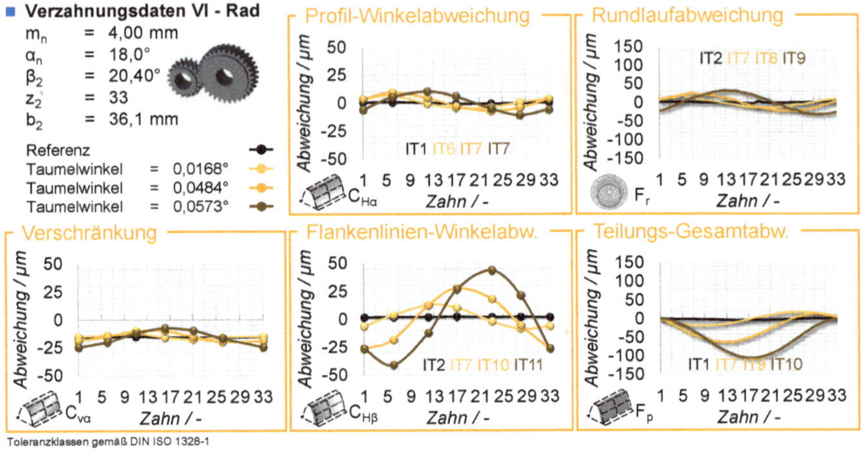

Bild 6-5: Auswirkungen des Taumels auf die Verzahnungsmessung
Effects of Wobble on the Gear Measurement

Im Vergleich zum Referenzzahnrad ist zu erkennen, dass die Modifikationsgrößen wie auch die Rundlaufabweichung für den gezeigten Fall nicht beeinflusst werden. Sehr ausgeprägt hingegen ist der Verlauf der Teilungs-Gesamtabweichung, welcher die markante Periodizität mit einer Schwankungsbreite von $F_p \approx 57$ µm aufweist.

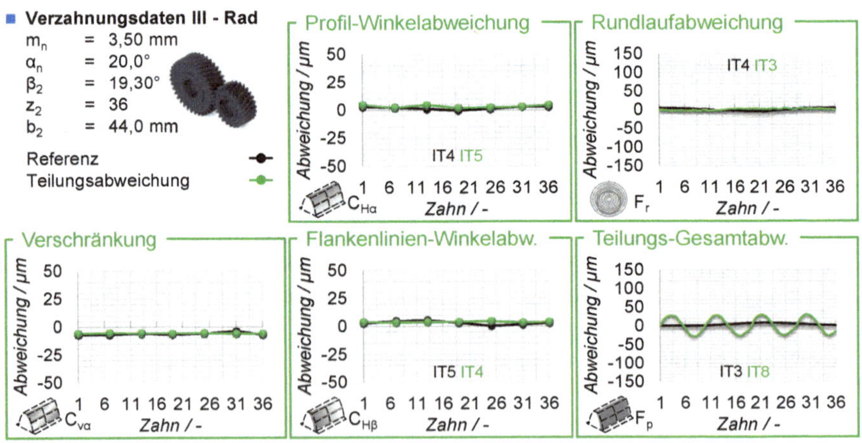

Bild 6-6: Auswirkungen der Teilungsabweichung auf die Verzahnungsmessung
Effects of Pitch Deviation on the Gear Measurement

Zusammengefasst kann festgehalten werden, dass eine Exzentrizität und ein Taumel nahezu jede Auswertegröße der Verzahnungsmessung beeinflussen. Zudem ist für die eindeutige Beschreibung der Zahnflanke die Teilungsabweichung von Bedeutung. Daraus resultierend ist es zur vollumfänglichen Beschreibung langwelliger Abweichungen erforderlich, die einzelnen Mikrogeometrien und ihre Positionen über den Radumfang durch Abbildung der Einzelzahn-Topografien in Verbindung mit Teilungsabweichungen zu analysieren und für Simulationen zu berücksichtigen.

6.3 Quasistatische Drehfehleruntersuchung von langwelligen Abweichungen

Quasi-Static Transmission Error Investigation of Long-Wave Deviations

Im Folgenden werden die Ergebnisse der quasistatischen Untersuchungsergebnisse vorgestellt. Es werden der Einfluss der Exzentrizität, anschließend des Taumels und zum Schluss der Teilungsabweichung auf das langwellige Anregungsverhalten analysiert. Alle Abweichungen werden hinsichtlich des drehmomentabhängigen Drehfehlers für die vorgestellten Verzahnungsfälle untersucht.

Neben den bereits vorliegenden exzentrischen Wellen wurden zusätzliche Wellen mit einer Schiefstellung des Wellenabsatzes gefertigt, auf dem das Zahnrad geführt wird. Bei der Fertigung dieser Flansche wurde insbesondere auf eine korrekte Fertigung einer reinen Schiefstellung und somit auf eine Minimierung der Exzentrizität dieser Absätze geachtet. Es wurden jeweils zwei Abweichungsbeträge untersucht. Analog zum vorangegangenen Kapitel wurden die Exzentrizitäten f_e = 50 sowie 100 µm und zusätzlich die Taumelwinkel f_α = 0,0706 und 0,1411° getestet. Der Einfluss der periodischen Teilungsabweichung wurde mit der Verzahnung aus Bild 6-6 auf einer abweichungsfreien Welle untersucht.

Die Abweichungen wurden jeweils auf einer Radseite aufgebracht, während das Gegenrad ohne Abweichungen ausgeführt und für die Untersuchungen der jeweiligen Verzahnung nicht ausgetauscht wurde. Dies ermöglicht den Vergleich und die weitestgehend isolierte Einflussanalyse der zu untersuchenden Abweichungen. Ausgewertet wurde der Drehfehler. Die quasistatische Messung sieht der Einflanken-Wälzprüfung zufolge eine geringe Drehzahl vor. Daran orientiert wurde der Drehfehler zahnradabhängig bei diskreten Drehmomentstufen und einer Drehzahl von n_1 = 60 min^{-1} während einer Messdauer von zwei kompletten Überrollungen des jeweiligen Verzahnungsfalls gemessen.

Das darauffolgende Post-Processing ermöglicht die zielgerichtete Analyse der Messwerte. Demzufolge wird der Zeitverlauf des Drehfehlersignals in ein Ordnungsspektrum überführt, die Drehordnungen in Abhängigkeit der betrachteten Abweichung untersucht und mit den Ergebnissen der FE-STIRNRADKETTE abgeglichen, um auf diese Weise die Simulationsmethode zu validieren, die im Auslegungsprozess der Verzahnung hinsichtlich einer Einflussanalyse langwelliger Abweichungen genutzt werden kann.

6.3.1 Exzentrizität

Eccentricity

Die Exzentrizität bewirkt eine einfach-periodische Achsabstandsänderung. Damit geht unter anderem eine gleichermaßen periodische Änderung der Eingriffsbedingungen und eine doppelt so hohe Rundlaufabweichung wie die Außermittigkeit einher, vgl. Bild 6-3 und Bild 6-4. Für die Untersuchung der makrogeometrieabhängigen langwelligen Anregung werden die in Bild 4-1 dargestellten Verzahnungen III und IV mit derselben Exzentrizität betrachtet.

Der Einfluss der Exzentrizität auf die erste Drehordnung des Drehfehlers ist in **Bild 6-7** dargestellt. Demzufolge wird eine Exzentrizität von f_e = 50 und 100 µm betrachtet. Die Ergebnisse zur Verzahnung III sind oben dargestellt, während die Ergebnisse zur Verzahnung IV unten abgebildet sind. Die linken Diagramme zeigen den drehmomentabhängigen Verlauf der ersten Drehordnung bzgl. des abweichungsbehafteten Rades für den Fall einer Exzentrizität von f_e = 50 µm und die rechten für f_e = 100 µm. Während die blauen Linien die gemessenen Verläufe widerspiegeln, beschreibt die graue Linie den zugehörigen simulativ bestimmten Drehfehler.

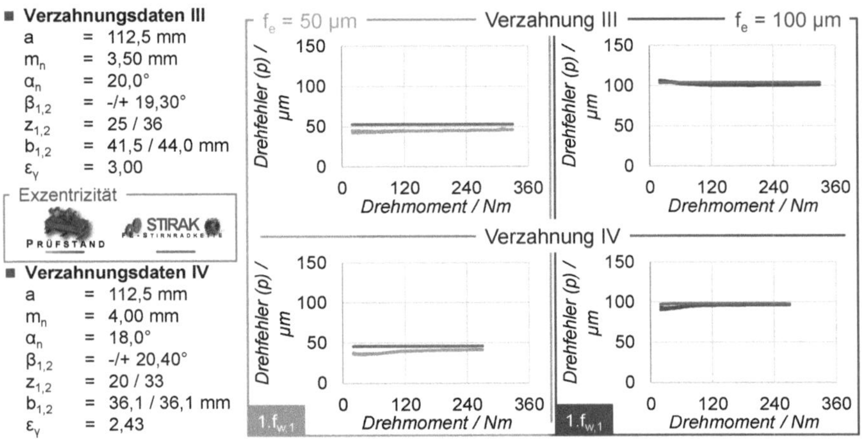

Bild 6-7: Drehfehler infolge von Exzentrizität – f_e = 50 und 100 µm

Transmission Error due to Eccentricity – f_e = 50 and 100 µm

Für alle Diagramme ist ein drehmomentunabhängiges Anregungsverhalten zu verzeichnen. Es ist ein Zusammenhang der langwelligen Drehfehleramplitude und der Exzentrizität festzustellen. Verzahnungsunabhängig ist für beide Abweichungsamplitude eine ebenso hohe Drehfehleramplitude in der ersten Drehordnung ersichtlich. Somit zeigt sich für den oberen als auch den unteren Verzahnungsfall in der Anregungsamplitude eine Überhöhung von ca. $DF_{1.fw,1,Exz.}$ ≈ 50 bzw. 100 µm, die in beiden Fällen drehmomentunabhängig sind.

Die aufgebauten Modelle zu beiden Verzahnungsfällen wurden genutzt, um das Anregungsverhalten für diese Abweichung zu validieren. Auf diese Weise können Simulationsansätze für eine tiefergehende Analyse herangezogen und im Auslegungsprozess einbezogen werden, um den Einfluss auf das Anregungsverhalten zu bestimmen und darüber hinaus die Tragfähigkeitskennwerte in Abhängigkeit dieser langwelligen Abweichungen zu untersuchen. In der FE-STIRNRADKETTE wurden Topografien, die mit den Abweichungen erfasst wurden, analog zu Kapitel 6.2 für die gezeigten Berechnungen eingelesen.

Werden die Ergebnisse der Simulation und des Prüfstandes gegenübergestellt, so liegen die Drehfehler in der ersten Drehordnung für alle gezeigten Fälle in einer gleichen Größenordnung und es liegt sowohl qualitativ als auch quantitativ eine hohe Übereinstimmung vor. Somit entspricht der Peak-Wert (p) des Drehfehlers genau dem Betrag der Exzentrizität, der wiederum dem doppelten Betrag der Rundlaufabweichung entspricht.

6.3.2 Taumel

Wobble

Eine falsche Montage oder eine fehlerhafte Aufspannung während der Fertigung können zu einem Taumel im Zahneingriff führen. Der Taumel verursacht ebenfalls periodisch veränderliche Eingriffsbedingungen über eine Umdrehung des Zahnrades. Die sich ändernden Kontaktbedingungen beeinflussen die Amplitude der Zahneingriffsordnungen, führen zudem infolge des vor- und nacheilenden Zahnkontaktes zur Entstehung von Seitenbändern und tragen maßgeblich zu einer verstärkten Anregung der ersten Drehordnungen bei. Im Folgenden werden die im vorangegangenen Kapitel eingesetzten Verzahnungsfälle ebenso für diese Abweichungsart betrachtet. Das Anregungsverhalten des Taumels ist für den ersten der beiden untersuchten Taumelwinkel in **Bild 6-8** dargestellt.

Aufgrund des zweifach-periodisch veränderlichen Betrages der Flankenlinien-Winkelabweichung je Umdrehung soll für diese Abweichung die erste und zweite Drehordnung untersucht werden. Die linken Diagramme bilden wie zuvor den Verlauf der ersten Drehordnung ab und die rechten Diagramme den der zweiten Drehordnung.

Im Fall des Taumels ist eine wesentliche Erhöhung der Anregung in der ersten Drehordnung zu identifizieren. Sie liegt verzahnungsunabhängig jeweils auf einem ähnlichen Niveau. Für die erste Drehordnung ist erneut eine drehmomentunabhängige Anregungsamplitude festzustellen.

Die zweite Drehordnung liegt in ihrer Amplitude unterhalb der ersten und zeigt eine geringfügige Drehmomentabhängigkeit auf. Der Vergleich zwischen Prüfstand und Simulation liefert ein weiteres Validierungsbeispiel für die FE-STIRNRADKETTE.

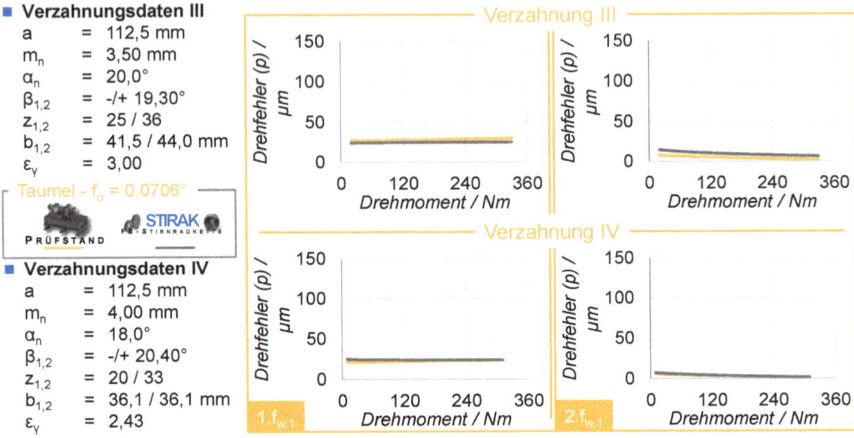

Bild 6-8: Drehfehler infolge eines Taumel – f_α = 0,0706°

Transmission Error due to a Wobble – f_α = 0.0706°

Wird der Taumelwinkel verdoppelt, so ergeben sich annähernd doppelt so hohe Anregungsamplituden, vgl. **Bild 6-9**. Das qualitative Anregungsverhalten bleibt in diesem Fall unverändert.

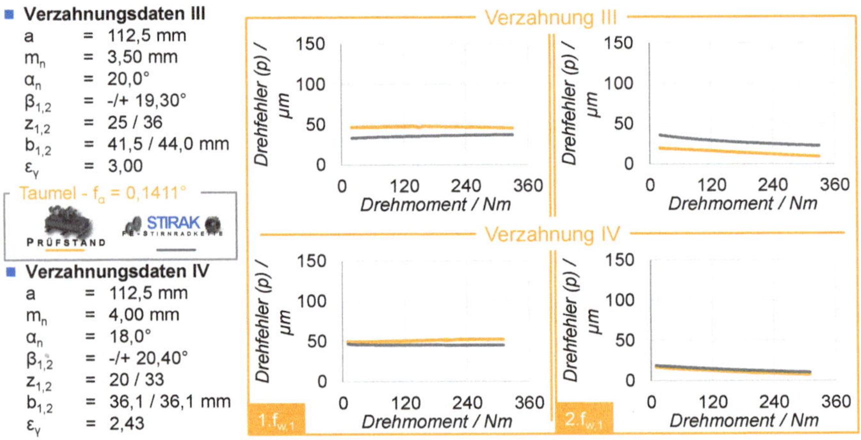

Bild 6-9: Drehfehler infolge eines Taumel – f_α = 0,1411°

Transmission Error due to a Wobble – f_α = 0.1411°

Während der oben dargestellte Verzahnungsfall eine geringfügig höhere Abweichung zwischen Simulation und Prüfstand aufweist, stimmen die Drehfehleramplituden für die unten abgebildete Verzahnung gut überein. Die Differenzen könnten auf einen zu hohen Abweichungsbetrag der Kontaktabstände infolge des hohen Taumelwinkels gemeinsam mit der höheren Verzahnungsbreite zurückgeführt werden, was in dem Simulationsansatz nicht korrekt abgebildet werden kann, allerdings auch keinen realen Applikationsfall darstellt.

6.3.3 Teilungsabweichung

Pitch Deviation

Abschließend wurde die Teilungsabweichung bzgl. ihrer Drehfehlercharakteristik untersucht. Für diese Abweichungsvariante ist mittels des diskontinuierlichen Profilschleifverfahrens ein Teilungsabweichungsverlauf in Form eines vierfachen Sinus über den Umfang aufgebracht worden, vgl. Bild 6-6. Die Ordnungsanalyse der Anregungsuntersuchung belegt die Ausprägungen, vgl. **Bild 6-10** oben mittig. Somit bewirkt eine vierfach-periodische Teilungsabweichung eine Zunahme der vierten Drehordnung. Die drehmomentabhängige Betrachtung erfolgt daher in Bezug auf die vierte Drehordnung des Drehfehlersignals, vgl. Bild 6-10 unten mittig. Infolge der Abweichung von $F_p \approx 57$ µm nimmt der Drehfehler einen drehmomentunabhängigen Wert von $DF_{4.fw,1,Teil.} \approx 24$ µm an.

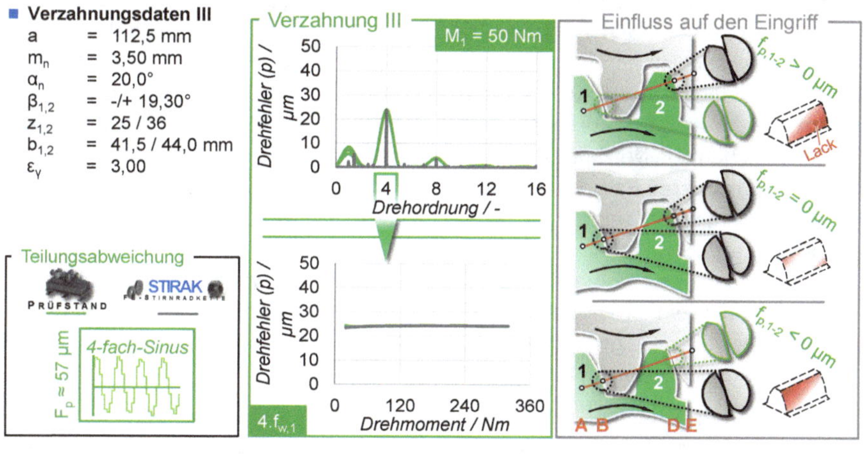

Bild 6-10: Drehfehler infolge einer periodischen Teilungsabweichung – $F_p \approx 57$ µm

Transmission Error due to a Periodic Pitch Deviation – $F_p \approx 57$ µm

Für den Abgleich zwischen Simulation und Prüfstand wurde für das gefertigte Rad die Teilungsabweichung aus der Verzahnungsmessung eingelesen und eine Umdrehung des Rades simuliert. Der Abgleich zeigt, dass die FE-Stirnradkette den Drehfehler auch für diese Abweichungsart präzise vorhersagen kann und den Berechnungen zufolge das Anregungsverhalten analog zu den Resultaten der Prüfstandsuntersuchungen drehmomentunabhängig ist. Demnach bildet die Simulation das Prüfstandsergebnis sowohl im oben dargestellten Ordnungsspektrum als auch in der unten dargestellten, lastabhängigen vierten Drehordnung exakt ab. Die Unterschiede in der Aufweitung der Amplituden im Ordnungsspektrum zwischen Simulation und Prüfstandsmessung sind in den unterschiedlichen Ordnungsauflösungen begründet. Schlussendlich kann die Zahnkontaktanalyse für die Abbildbarkeit von periodischen Teilungsabweichungen validiert werden.

Neben dem Einfluss auf das Anregungsverhalten bewirkt die Teilungsabweichung eine Veränderung der Eingriffsverhältnisse. Diese veränderlichen Eingriffsbedingungen verursachen, ähnlich wie im Fall des Taumels, ein markantes Tragbildwandern. Die Tragbildcharakteristik infolge der Teilungsabweichung im Fall der betrachteten Schrägverzahnung ist dadurch gekennzeichnet, dass der Kontakt von der oberen Ecke zur gegenüberliegenden unteren Ecke wandert. Diese Erscheinung ist in der Überdeckungsänderung durch den in der Eingriffsfolge vor- bzw. zurückstehenden Zahn begründet. Um diesen charakteristischen Einfluss zu beschreiben sind in Bild 6-10 rechts exemplarisch drei charakteristische Zustände abgebildet.

Im oberen Zustand, in dem der Zahn im Flankenkopfbereich trägt, steht der im Eingriff befindliche Zahn 2 infolge der Teilungsabweichung relativ zum nachfolgenden Zahn 1 vor ($f_{p,1\text{-}2} > 0$ µm). Dadurch erfolgt der Eingriffsbeginn nicht im Punkt A - im gezeigten Fall besteht zudem im Punkt B kein Kontakt. Durch die Rotation der Radpaarung kann erst nach dem Eingriffsende von Zahn 2 die Kraftübertragung über den verbleibenden Kontaktbereich von Zahn 1 erfolgen. Die zu übertragenden Lasten sind demnach im Zahnkopf wesentlich höher als im idealen Fall, der in der Bildmitte abgebildet ist. In diesem Zustand kann die zu übertragende Leistung auf beide im Eingriff befindlichen Zähne gleichermaßen verteilt werden ($f_{p,1\text{-}2} = 0$ µm). Dementsprechend wird die Zahnflanke zwischen den Nutzkreisen vom Zahnfuß bis zum -kopf gänzlich ausgenutzt. Das Pendant zum oberen Fall ist unten dargestellt. In diesem Fall besteht der Zahnkontakt im Wesentlichen im Zahnfuß, da Zahn 2 relativ zu Zahn 1 zurücksteht ($f_{p,1\text{-}2} < 0$ µm). Die Kraftübertragung erfolgt in dem abgebildeten Zustand nicht mehr über Zahn 2, da dieser vor dem idealen Eingriffsende vorzeitig den Kontakt verliert und Zahn 1 in Kontakt gerät. Sollte ein erheblicher Sprung im Verlauf der Teilungsabweichung vorliegen, so kann über die gezeigten Fälle hinaus dies dazu führen, dass der Zahn unter Umständen gar nicht in Eingriff kommt.

Im Fall der vierfach-periodischen Teilungsabweichung wird diese Schwankung des Tragbildes vier Mal je Umdrehung des Zahnrades aufgezeichnet und konnte analog zu Bild 6-10 rechts in den experimentellen Untersuchungen nachgewiesen werden, vgl. **Bild 6-11**.

Bild 6-11: Charakteristische Tragbilder der periodischen Teilungsabweichung
Characteristic Contact Pattern of the Periodic Pitch Deviation

6.4 Versuchsaufbau zur Hochdrehzahluntersuchung

Test Setup for High-Speed Investigation

Die Elektrifizierung der Antriebskomponenten führt zu einem vermehrten Einsatz von schnelllaufenden Motoren. Hierbei liegt die Antriebsdrehzahl deutlich oberhalb der eines Verbrennungsmotors. Bei gleichbleibender Abtriebsdrehzahl ist demnach eine höhere Übersetzung notwendig, die häufig mithilfe von zweistufigen Getrieben realisiert wird. Für diesen Applikationsfall werden im Folgenden Radsätze, die von der Firma VCST Industrial Production gefertigt wurden, in einer von der Firma Stackpole bereitgestellten und eigens konstruierten zweistufigen Getriebemesszelle bestehend aus einem Aluminiumgehäuse untersucht.

Bei dem Gehäuse handelt es sich um eine Halbschalenbauweise, sodass dieses in Höhe der Wellenmittellinie an den Lagersitzten horizontal getrennt ist und mithilfe von Zentrierstiften präzise positioniert wird. Auf diese Weise kann eine reproduzierbare Montage sichergestellt werden.

Angelehnt an eine Serienanwendung erfolgt die Schmierstoffversorgung der Verzahnungen und der Wälzlager mittels einer Tauchschmierung und einer Füllmenge in Höhe von $V_{Öl}$ = 5 l des Getriebeöls Shell Spirax MA 80W. Aufgrund des hohen Wirkungsgrades der Stirnradstufen und einer guten Wärmeabfuhr über das Aluminium-Gehäuse ist eine zusätzliche Kühlung nicht notwendig.

Die Hochdrehzahluntersuchungen sind auf dem Universal-Getriebeprüfstand durchgeführt worden, vgl. Kapitel 4.2.1. Für die Realisierung der hohen Antriebsdrehzahl an der Getriebeeingangsstufe wurde zwischen dem Antriebsmotor und dem Prüfgetriebe ein Zwischengetriebe eingesetzt. Als Zwischengetriebe diente ein Getriebe in Hypoid-Bauweise einer Hinterachse, welche im Differential für den Aufbau mechanisch gesperrt und zur eigentlichen Anwendungsrichtung umgekehrt eingebaut wurde. Die Sperrung erfolgte über das Verschweißen der vier Ausgleichsräder. Auf diese Weise wurde das Abwälzen dieser Radpaarungen unterbunden. Aufgrund der hohen Gleitgeschwindigkeiten im Zahnkontakt und der Gefahr von Fressschäden und Graufleckigkeiten waren Getriebeöle der Klasse GL-5 notwendig. Um etwaige Schäden während des Prüflaufs detektieren zu können, wurde am Zwischengetriebe sowohl ein Körperschall- als auch ein Pt100-Sensor angebracht, die der Zustandsüberwachung dienten. Um den Ausgang der zweiten Seitenwelle zu verschließen und ein Ölaustritt zu verhindern, wurde ein konischer Deckel aus Polyoxymethylen (POM) zur Dichtung des Gehäuses gefertigt. Die infolge der Verlustleistung im Zwischengetriebe entstehende große Wärmemenge wurde mithilfe von mehreren elektrischen Lüftern abgeführt.

Mit der Übersetzung des Zwischengetriebes von i_{HAG} = -0,34 konnten Drehzahlen von n_1 = 11.500 min^{-1} erreicht werden, vgl. **Bild 6-12**. Dabei erreicht die Seitenwelle zwischen der Antriebsmaschine und dem Hinterachsgetriebe eine Höchstdrehzahl von $n_{Seitenwelle,max}$ = 3.950 min^{-1} und liegt somit weit über der sonst üblichen Betriebsdrehzahl. Um den Einsatz und die Betriebssicherheit der Welle für den hier vorgesehenen Einsatz sicherzustellen, ist im Vorfeld eine Untersuchung der Eigenfrequenzen und –moden simulativ in Biegerichtung mittels eines FEM-Programmes durchgeführt worden. Dabei wurde auf die Abbildung der homokinetischen Gelenke zur Vereinfachung verzichtet und diese als Vollmaterial angenommen. So ist die erste Biegeeigendrehzahl bei $n_{B,1}$ = 8.448,6 min^{-1} ermittelt worden, die weit oberhalb der zu testenden Maximaldrehzahl liegt (Sicherheitsfaktor s_{Knick} > 2). Demnach kann die Seitenwelle aufgrund der ausreichenden Sicherheit bedenkenlos zur Leistungsübertragung bei der genannten Höchstdrehzahl verwendet werden.

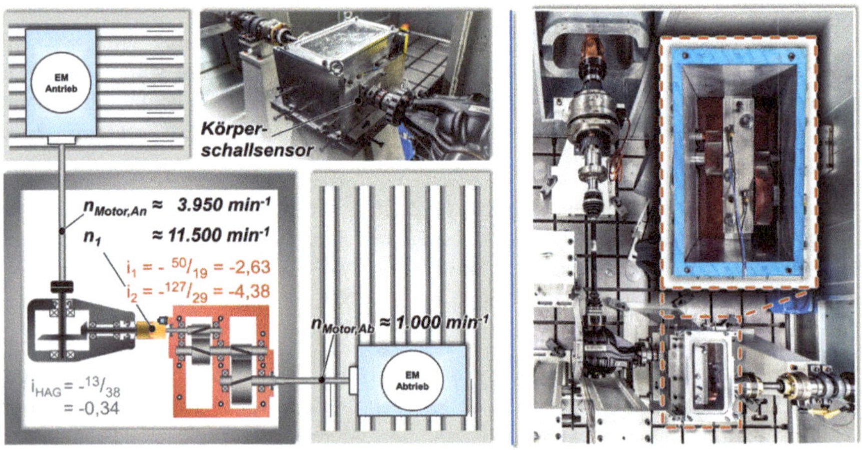

Bild 6-12: Prüfstandskonzept zur Untersuchung des Anregungsverhaltens bei höheren Drehzahlen

Test Rig Concept for the Investigation of the Excitation Behavior at Higher Speeds

Um die Massenträgheitsmomente im Bereich der hochdrehenden Einheiten so gering wie möglich zu halten, war eine möglichst kurze Anbindung vorzusehen, welche für den Einsatz der hohen Drehzahlen geeignet ist. Eine weitere Anforderung bestand in der Möglichkeit eines schnellen Wechsels der angebundenen Ritzelwelle sowie in einer hohen Drehelastizität der Kupplung, um störende Einflüsse des Zwischengetriebes auf die Messergebnisse zu minimieren, und einem gleichzeitigen Ausgleich möglicher Montageabweichungen. Hierzu wurde eine Klauenkupplung aus Aluminium von der Firma R+W mit torsionsweichem TPU-Elastomerring (Shorehärte 98 Sh A) und einer werksseitigen Wuchtgüte für Drehzahlen bis $n_{Kupplung,max}$ = 16.000 min^{-1} mit einem gesondert gefertigten Wellenflansch eingesetzt.

Für eine reproduzierbare Untersuchung wurden die Koppelstellen beider Getriebe mit einem induktiven Wellenausrichtesystem der Firma SKF mit einem maximalen Radialversatz von Δr = 10 µm und einem Winkelfehler von $\Delta\alpha$ = 0,063° ausgerichtet.

Das zweistufige Prüfgetriebe mit einer Gesamtübersetzung von $i_{ges} = i_1 \cdot i_2 = (-^{50}/_{19}) \cdot (-^{127}/_{29}) = 11{,}52$ wurde mit Körperschallsensoren zur Bestimmung der Beschleunigung in mehreren Raumachsen ausgestattet. Ausgewertet wurde der Körperschall in axialer Richtung an der Lagerstelle des Antriebsritzels, um den Schallleitungspfad zu verkürzen und die Dämpfung besonders gering zu halten, vgl. Bild 6-12 oben, welche in dem Aufbau die Hauptanregungsrichtung darstellt. Die abtriebsseitige Maximaldrehzahl lag bei ca. $n_{Motor,Ab} = 1.000\ min^{-1}$, die etwa einer Geschwindigkeit von v = 120 km/h eines Fahrzeuges der Mittelklasse unter Annahme gängiger Reifengrößen entspricht.

Die Betriebsbedingungen wurden bei allen Untersuchungen gleichermaßen beibehalten. Die Messungen wurden unter dynamischen Randbedingungen aufgezeichnet. Der aufgezeichnete Körperschall wird für das Drehmoment von $M_1 = 25$ Nm betrachtet. Die Drehzahl wurde dabei von $n_{1,Start} = 1.000\ min^{-1}$ bis $n_{1,Ende} = 11.500\ min^{-1}$ mit einer Steigung von $\Delta n_1/\Delta t = 100\ min^{-1}s^{-1}$ erhöht.

Zur Aufnahme des gesamten Getriebes ist eine Basisplatte speziell für diesen Anwendungsfall ausgelegt worden, über die eine präzise laterale und longitudinale Ausrichtung und der notwendige Höhenausgleich der Messzelle erreicht werden konnte. Die Ausrichtung erfolgte dabei über vier an den Stirnseiten der Basisplatte platzierten Verschiebekonsolen, über die mit Gewindeschrauben die genaue Einstellung der Getriebemesszelle in der Ebene realisiert wird.

6.5 Versuchsplan und Fertigung der Prüfteile

Test Plan and Manufacturing of the Test Parts

Für die Untersuchung des Einflusses langwelliger Abweichungen auf das Anregungsverhalten ist die antriebsseitige Ritzelwelle angepasst worden. Um den isolierten Einfluss der Abweichungen analysieren zu können, ist neben den abweichungsbehafteten Varianten eine Referenzvariante betrachtet worden.

Die Verzahnungen lagen in einem fertigbearbeiteten und abweichungsfreien Zustand vor. Um die langwelligen Abweichungen in den Zahneingriff einzubringen, wurden die Lagersitze mit den zu untersuchenden Abweichungen versehen. Hierzu wurden die in **Bild 6-13** markierten Absätze aufgespritzt und gezielt nachbearbeitet, um die Lage der Rotationsachse zu der Mittellinie der Verzahnung gezielt zu verändern. Dazu wurde eine Molybdänbeschichtung an den Lagersitzen mittels des Flammaufspritzverfahrens aufgetragen und anschließend auf Endmaß geschliffen.

Vor der definierten Bearbeitung wurden die Grenzwerte mithilfe der FE-STIRNRADKETTE rechnerisch geprüft, ab denen ein Klemmen der Verzahnungen zu erwarten ist. Auf diese Weise konnte eine maximal zulässige Exzentrizität von $f_{e,max} = 163\ \mu m$ ermittelt werden.

Im Fall der Exzentrizität wurden die Ritzelwellen nach dem Beschichtungsprozess in ein Dreibackenfutter eingespannt, welches um den Betrag der zu fertigenden Exzentrizität außermittig positioniert wurde. Anschließend folgte die koaxiale Bearbeitung der Funktionsflächen, sodass die Verzahnung zu diesen die gewünschte Exzentrizität aufwies.

Für die Erzeugung eines idealen Taumels im Zahnkontakt muss die verkippte Mittellinie des Zahnrades die Rotationsachse genau in der Mitte der Verzahnungbreite schneiden, was aufgrund der Bauteilaufspannung nicht möglich gewesen ist. Daher ist eine sich überlagernde Exzentrizität $f_{e,Tau.}$, die sich aus dem außerhalb der Verzahnungsmitte liegenden Schnittpunkt S liegt, zu berücksichtigen.

Nach erfolgreicher Anpassung der Ritzelwellen sind diese auf dem Verzahnungsmesszentrum P16 der Firma KLINGELNBERG gemessen worden, um die im Vorfeld definierten Abweichungsgrößen und die maximal zulässige Exzentrizität zu prüfen. Als Vergleich für die abweichungsbehafteten Ritzelwellen konnte für die Referenzverzahnung eine Rundlaufabweichung F_r in der IT-Klasse 4 respektive einem Betrag von $F_{r,Ref.}$ = 7,7 µm und eine Teilungs-Einzelabweichung f_p sowie eine Teilungs-Gesamtabweichung F_p innerhalb der IT-Klasse 4 entsprechend der DIN ISO 1328-1 festgestellt werden [ISO18].

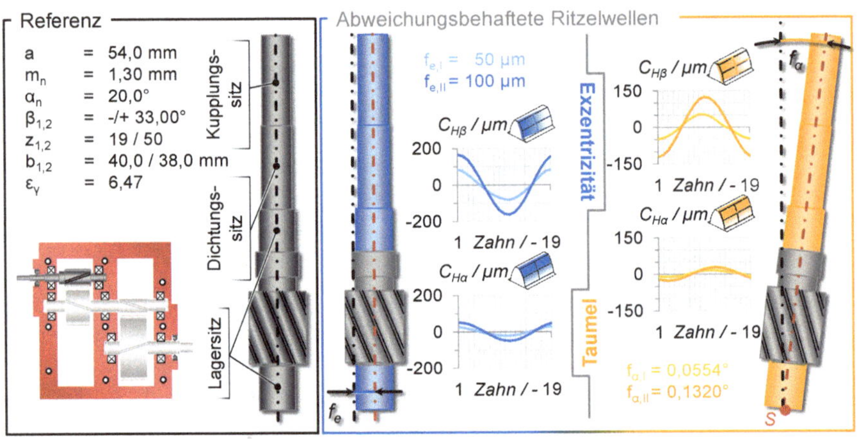

Bild 6-13: Versuchsplan zur Untersuchung des Anregungsverhaltens bei höheren Drehzahlen

Test Plan for Investigating the Excitation Behavior at Higher Speeds

Es sind zwei Beträge der Exzentrizität untersucht worden. Zum einen eine vorgesehene Außermittigkeit von $f_{e,I}$ = 50 µm und zum anderen eine von $f_{e,II}$ = 100 µm, die durch die Bestimmung der Rundlaufabweichung von $F_{r,Exz.II}$ = 51 µm sowie $F_{r,Exz.II}$ = 101 µm sehr gut erreicht werden konnten. Die Winkelabweichungen für den ersten Fall lagen in den Bereichen von -85 µm ≤ $C_{H\beta,Exz.I}$ ≤ 81 µm und $-21\ \mu m \leq C_{H\alpha,Exz.I} \leq 29\ \mu m$. Die doppelte Exzentrizität spiegelt sich in einer etwa doppelten Winkelabweichung von $-163\ \mu m \leq C_{H\beta,Exz.II} \leq 166\ \mu m$ und $-49\ \mu m \leq C_{H\alpha,Exz.II} \leq 52\ \mu m$ wider. Die Winkelabweichungen sind phasengleich.

Im Fall des Taumels wurde die Ritzelwelle zwischen zwei Spitzen aufgenommen, bei der die spindelabgewandte Seite außermittig positioniert wurde. Dadurch resultiert ein Taumel im Bearbeitungsprozess. Die anschließend koaxial geschliffenen Absätze führen dazu, dass keine Lagerzusatzlasten durch eine verkippte Welle entstehen konnten und gleichzeitig im montierten Zustand die Verzahnung im Eingriff einen Taumel aufwies.

Analog zur Exzentrizität sind zwei Varianten untersucht worden. Auf diese Weise wurde ein Taumel mit einem Taumelwinkel von $f_{\alpha,I} = 0{,}0554°$ gefertigt, was einer Flankenlinien-Winkelabweichung von $-48\ \mu m \leq C_{H\beta,Tau.I} \leq 52\ \mu m$ und einer Profil-Winkelabweichung von $-11\ \mu m \leq C_{H\alpha,Tau.I} \leq 16\ \mu m$ entspricht. Dabei wurde eine Rundlaufabweichung von $F_{r,Tau.I} = 55\ \mu m$ festgestellt. Der zweite Taumelwinkel betrug $f_{\alpha,II} = 0{,}1320°$. In diesem Fall konnte eine Flankenlinien-Winkelabweichung von $-123\ \mu m \leq C_{H\beta,Tau.II} \leq 125\ \mu m$ und eine Profil-Winkelabweichung von $-27\ \mu m \leq C_{H\alpha,Tau.II} \leq 28\ \mu m$ gemessen werden. Zwischen den beiden Winkelabweichungsarten ist ein Phasenversatz zu erkennen. Die gemessene Rundlaufabweichung lag bei $F_{r,Tau.II} = 142\ \mu m$.

Alle gefertigten Abweichungen liegen innerhalb des zulässigen Bereiches, sodass ein Klemmen ausgeschlossen werden konnte. In den Untersuchungen wurden die übrigen Verzahnungsstufen und Komponenten nicht ausgetauscht, sodass jegliche Unterschiede in den Messungen auf die abweichungsbehafteten Ritzelwellen zurückgeführt werden können.

6.6 Einfluss von langwelligen Abweichungen auf das Geräuschverhalten bei höheren Drehzahlen

Influence of Long-Wave Deviations on the Noise Behavior at Higher Speeds

Die Messergebnisse zu den beschriebenen Varianten sind in **Bild 6-14** abgebildet. Das oben links dargestellte Frequenzspektrum beschreibt die absoluten Beschleunigungen der Referenzvariante. Die verbleibenden Spektren repräsentieren die Differenzen der Taumel- und Exzentrizitätsvarianten zur Referenz. Auf diese Weise wird die Zunahme der Anregung unmittelbar ersichtlich.

Allgemein sind in den Spektren Bereiche zu finden, in denen die Schwingungen der Zahneingriffsordnungen zu einer Anregung der Resonanzfrequenzen des Prüfaufbaus führen. Im Fall der Referenzverzahnung ist trotz einer hohen Fertigungsgüte der Verzahnung eine deutliche Überhöhung des Körperschalls im Bereich der Drehordnungen zu verzeichnen. Ein Grund hierfür ist der nicht gewuchtete Antriebsstrang. Da jedoch die unterschiedlichen Radpaarungen mit einem unveränderten Prüfaufbau untersucht werden, ist ein Vergleich der Varianten möglich.

Im Fall der Exzentrizitätsvariante ist der Einfluss der Abweichung auf das Anregungsverhalten im Spektrum deutlich zu erkennen. So führt die zur Verzahnung außermittige Rotationsachse bereits für den Fall der geringeren Exzentrizität ($f_{e,I}$ = 50 µm) zu einer Verstärkung der Anregung in den Bereichen der Eigenfrequenzen des Prüfaufbaus. Zudem führt die Abweichung zu einer erhöhten Anregung der ersten Wellendrehordnung. Wird der Abweichungsbetrag vergrößert, so verstärkt sich dieser Effekt. Im Fall des Taumels ist dieser Einfluss für die betrachteten Abweichungsbeträge etwas schwächer ausgeprägt.

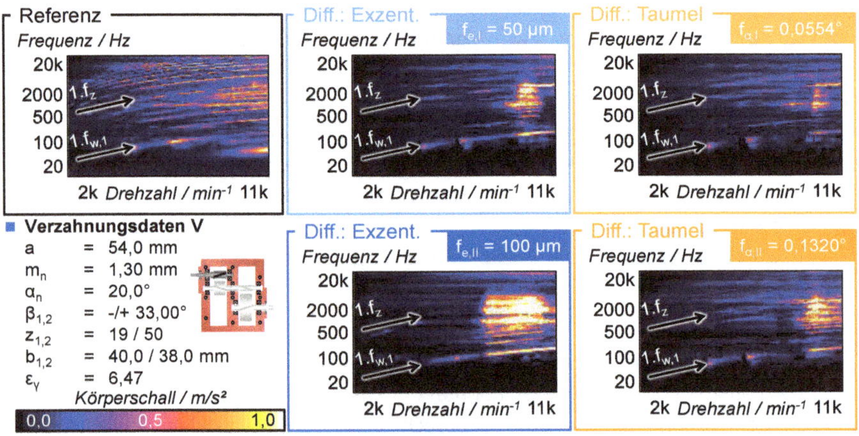

Bild 6-14: Hochdrehzahluntersuchung – Frequenzspektren bei M_1 = 25 Nm

High-Speed Investigation – Frequency Spectra at T_1 = 25 Nm

Die Spektren zeigen allgemein, dass die Abweichungen insbesondere ab den Drehzahlen von n_1 = 9.000 min^{-1} einen wesentlichen Einfluss auf den Körperschall aufweisen, der auf mögliche Eigenfrequenzen des Prüfaufbaus in diesem Bereich begründet werden können. Neben der Zunahme in der ersten Drehordnung werden durch die Abweichungen höherharmonische Wellenordnungen und Seitenbänder der Zahneingriffsordnung angeregt.

Für einen quantifizierbaren Vergleich des Einflusses sind die gemittelten Drehordnungen in **Bild 6-15** für die Exzentrizitätsvarianten und in **Bild 6-16** für die Taumelvarianten abgebildet. Um den Einfluss der langwelligen Abweichungen vergleichen zu können, ist in allen Darstellungen die Referenzvariante ebenfalls abgebildet.

Die bereits in den Campbell-Diagrammen sichtbaren Einflüsse der Exzentrizität werden in dem gemittelten Ordnungsspektrum deutlich sichtbar. Für die beiden Exzentrizitäten steigt die Anregung von ca. $a_{1.fw,1,Ref.}$ = 0,4 m/s² auf $a_{1.fw,1,Exz.I}$ = 1 m/s² bzw. $a_{1.fw,1,Exz.II}$ = 1,2 m/s² in der ersten Drehordnung deutlich an. In diesem Fall kann die Erhöhung auf alle gezeigten höherharmonischen Drehordnungen übertragen werden, während die Drehordnungen der Zwischenstufe des Prüfgetriebes auf einem gleichen Niveau bleiben.

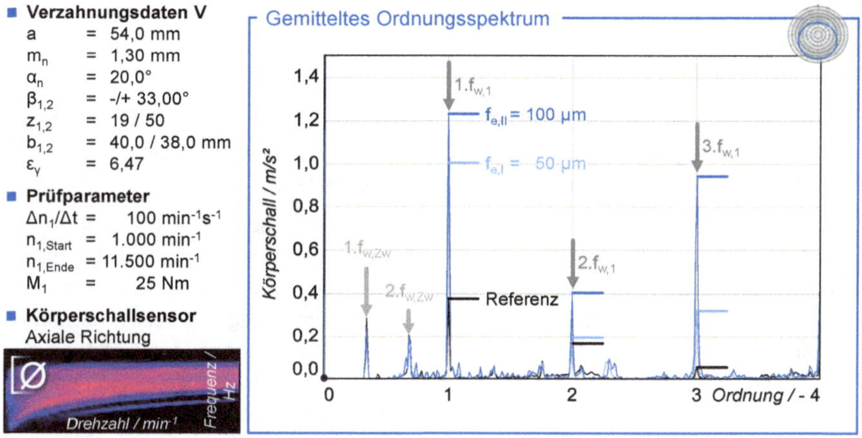

Bild 6-15: Hochdrehzahluntersuchung – Gemitteltes Ordnungsspektrum – Exzentrizität
High-Speed Investigation – Averaged Order Spectrum – Eccentricity

Die Gegenüberstellung im gemittelten Ordnungsspektrum zeigt zudem, dass durch den Taumel die Anregung auf $a_{1.fw,1,Tau.I}$ = 0,5 m/s² bzw. $a_{1.fw,1,Tau.II}$ = 0,8 m/s² in der ersten Drehordnung ansteigt. Eine Erhöhung der Oberflächenbeschleunigung ist auch in der dritten Drehordnung zu verzeichnen.

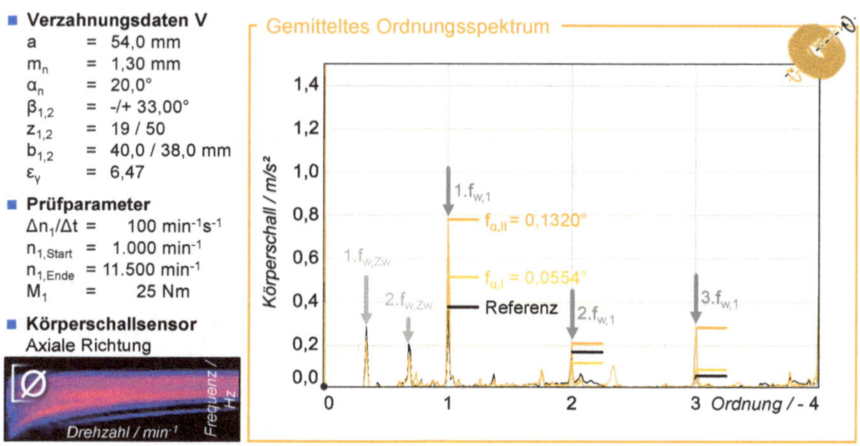

Bild 6-16: Hochdrehzahluntersuchung – Gemitteltes Ordnungsspektrum – Taumel
High-Speed Investigation – Averaged Order Spectrum – Wobble

Während die Drehordnungen der Zwischenstufe ($1.f_{w,Zw}$ und $2.f_{w,Zw}$) des Prüfgetriebes erneut auf einem gleichen Niveau bleiben – und somit einen weitestgehend reproduzierbaren Aufbau bestätigen – ist im Fall der zweiten Drehordnung der Eingangsstufe für den kleineren Taumel eine Ausnahme zu verzeichnen. In diesem Fall nimmt der Körperschall gegenüber der Referenzverzahnung geringfügig ab, was auf eine mögliche Messungenauigkeit zurückgeführt werden kann.

Die Auswertung der Ordercuts soll Aufschluss darüber liefern, in welchen Drehzahlbereichen die Anregung zunimmt. Zu diesem Zweck sind in **Bild 6-17** die Ordercuts der fünf Varianten den Abweichungen zugeordnet dargestellt.

Für die ersten beiden Resonanzüberhöhungen bei $n_1 \approx 4.500\ min^{-1}$ und $n_1 \approx 6.500\ min^{-1}$ bleibt die Anregung für die Exzentrizitätsvarianten weitestgehend unverändert, während die Anregung für die Taumelvarianten um etwa $\Delta a_{1.fw,1,Tau.} = 0{,}6\ m/s^2$ zunimmt. Die Verschiebung der genannten Resonanzfrequenzen kann durch geringfügige Schwankungen der Gehäuse- und Lagervorspannungen auf den Montageprozess zurückgeführt werden. Allgemein ist für die Exzentrizität eine höhere Zunahme der Anregung insbesondere in dem Bereich der höchsten Eigenfrequenzen zu verzeichnen. Demnach liegen die Oberflächenbeschleunigungen ab $n_1 = 9.000\ min^{-1}$ für die betrachteten Exzentrizitäten über denen der beiden Taumelvarianten.

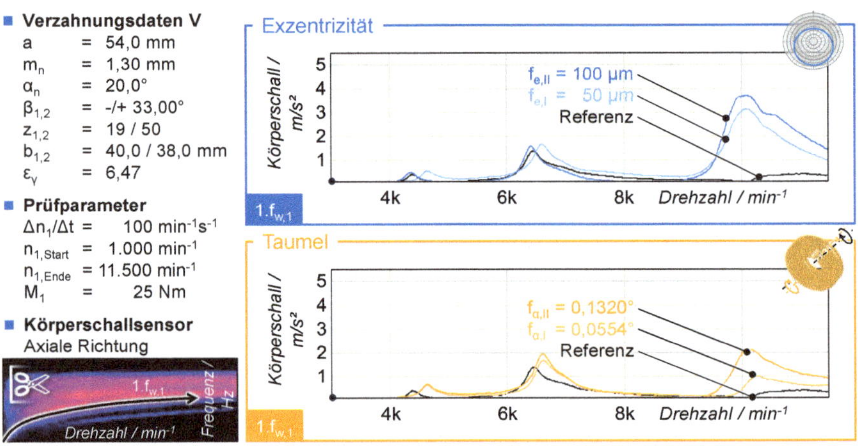

Bild 6-17: Hochdrehzahluntersuchung – Ordercut $1.f_{w,1}$

High-Speed Investigation – Ordercut $1.f_{s,1}$

Zusammengefasst kann der Einfluss der untersuchten Abweichungen auf das langwellige Anregungsverhalten nachgewiesen werden. Demnach nimmt die Oberflächenbeschleunigung am Gehäuse sowohl im Mittel als auch in den Bereichen höherer Drehzahl für beide betrachtete Abweichungen zu. Der geringere Einfluss bei niedrigeren Drehzahlen könnte auf den dämpfenden Transferpfad vom Zahnkontakt bis zur

Gehäuseoberfläche der zugehörigen Frequenzen zurückgeführt werden. Um diesen Effekt beurteilen zu können, sind Differenzbeschleunigungen im Zahnkontakt bei höheren Drehzahlen zukünftig zu analysieren.

6.7 Fazit

Conclusion

Die zweite Forschungsfrage wird in diesem Kapitel beantwortet und die Auswirkungen von langwelligen Abweichungen auf die Kontaktgeometrie und auf das Anregungsverhalten untersucht. Wellenflansche mit gezielt eingebrachten Abweichungen sind hierzu gefertigt und die Auswirkungen von Exzentrizität, Taumel und Teilungsabweichung untersucht worden.

Die Untersuchungsergebnisse zeigen, dass eine Exzentrizität nicht nur die Rundlaufabweichung bzw. die Einzelwerte der Teilungsabweichung beeinflusst, sondern ebenso den Verlauf der Profil-Winkelabweichung über dem Zahnradumfang. Im Fall einer Schrägverzahnung gilt dies zudem für die Einzelwerte der Flankenlinien-Winkelabweichung. Gleiches gilt für das Auftreten eines Taumels. Für die Teilungsabweichung ist keine Beeinflussung weiterer Messgrößen festzustellen.

Die gezeigten Prüfstandsuntersuchungen belegen zum einen den Einfluss von langwelligen Abweichungen auf das Anregungsverhalten und zeigen zum anderen in Abhängigkeit der langwelligen Abweichung charakteristische Einflüsse auf die Anregung der Drehordnungen. Die Exzentrizität und der Taumel weisen besonders dominante Anregungen in der ersten Drehordnung auf. Der Taumel zeigt zudem eine leichte Tendenz einer Anregungsüberhöhung in der zweiten Drehordnung. Die Untersuchungen der Teilungsabweichung bestätigen, dass die periodischen Abweichungen zu einer gleichermaßen periodischen Anregung der Drehordnungen führen. Mit Ausnahme der zweiten Drehordnung für den Taumel konnte stets ein lastunabhängiges langwelliges Anregungsverhalten nachgewiesen werden. Diese Untersuchungsergebnisse wurden bzgl. des Drehfehlers mithilfe der FE-STIRNRADKETTE validiert. Neben der Anregungscharakteristik bewirkt der Schrägungswinkel zudem ein viermaliges Wandern des Tragbildes über der Flankendiagonale auf dem Zahnradumfang. Die Analyse zeigt für die betrachteten Abweichungen ein von der aufgeprägten Last unabhängiges Anregungsverhalten in der charakteristischen Drehordnung auf.

Das entwickelte Prüfstandskonzept befähigt zur Untersuchung des Anregungsverhaltens bei hohen Antriebsdrehzahlen. Die Auswertungen belegen, dass die Exzentrizität und der Taumel zu einer erhöhten Anregung in der ersten Drehordnung führen und die Resonanzfrequenzen des Gesamtgetriebes verstärkt anregen. Die Zunahme in der ersten Drehordnung fällt für die untersuchten Varianten mit reiner Exzentrizität stärker aus als für die Taumelvarianten.

7 Transfer der Erkenntnisse auf einen Anwendungsfall aus der industriellen Praxis

Transfer of the Findings to an Application Case of Industrial Practice

Die bisherigen Erkenntnisse sind auf Basis von Prüfverzahnungen und speziellen Messzellen gewonnen worden. In diesem Kapitel gilt es, die Übertragbarkeit dieser Erkenntnisse auf eine Serienverzahnung zu prüfen und den lastabhängigen Einfluss der langwelligen Abweichungen auf die Akustik unter applikationsnahen Bedingungen zu verifizieren, um damit einen Teil der dritten Forschungsfrage zu beantworten. Es wird der Radsatz eines Fahrzeuggetriebes herangezogen und die jeweilige Abweichung in die Verzahnung eingebracht und auf verschiedenen Prüfständen bei unterschiedlichen Prüfbedingungen das Anregungs- bzw. Geräuschverhalten getestet.

7.1 Versuchsgetriebe

Experimental Gearbox

Die Praxisrelevanz wird an einer Serienverzahnung betrachtet, welche von der Firma BAYERISCHE MOTORENWERKE AG (BMW) bereitgestellt wurde. Es handelt sich um die erste, schnelldrehende Stufe eines nicht schaltbaren, zweistufigen Getriebes. Bei der zu untersuchenden ersten Stufe liegt ein Zähnezahlverhältnis von $i_1 = -z_2/z_1 = -{}^{77}/_{25} = -3{,}08$ vor, vgl. **Bild 7-1**. Es sind neben der Makrogeometrie Modifikationen aus der Serie übernommen worden, um so das dynamische Anregungsverhalten dem realen Einsatzfall entsprechend abzubilden.

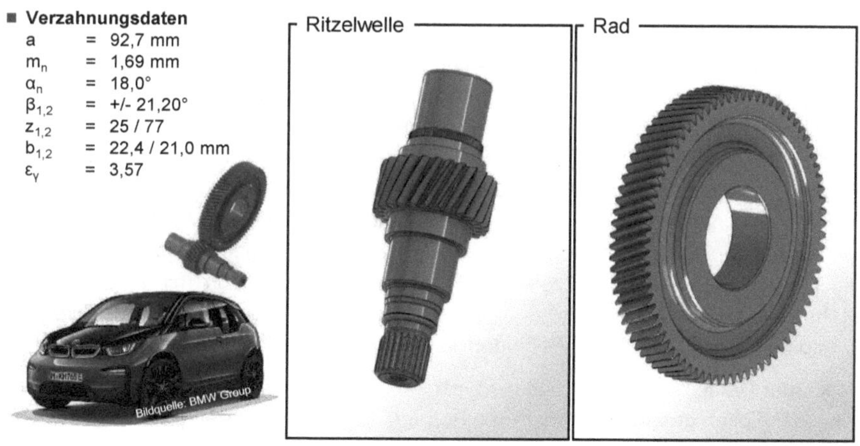

Bild 7-1: Verzahnungsdaten
Gear Data

Für die Verifizierung der Effekte sind neben Radsatzuntersuchungen auch Gesamtsystemuntersuchungen und Fahrzeugtests vorgesehen. Das Ziel der mit steigendem Komplexitätsgrad durchgeführten Untersuchungen ist die Übertragbarkeit der Erkenntnisse von einfachen quasistatischen Untersuchungen auf dynamische Fahrzeugtests. Um diese Übertragbarkeit zu gewährleisten und Einflüsse der Fertigungsstreuung auszuschließen, werden bei allen Untersuchungen dieselben modifizierten Verzahnungen verwendet.

7.2 Versuchsplan und Fertigung der Prüfteile

Test Plan and Manufacturing of the Test Parts

Jegliche Abweichungen wurden ausschließlich an der antriebsseitigen Ritzelwelle vorgenommen. Für die Bearbeitung und das gezielte Einbringen der langwelligen Abweichungen (Taumel und Exzentrizität) sind die Ritzelwellen auf der Getriebeeingangsseite hinsichtlich der Zentrierbohrungen nach der Fertigstellung aller Funktionsflächen mit Ausnahme des Verzahnungsschleifens angepasst worden. Durch das Versetzen der Zentrierbohrungen und die darauf referenzierte Hartfeinbearbeitung der Zahnflanken wurden die Abweichungen durch das Verzahnungsschleifen in das Bauteil eingebracht. Auf diese Weise können die Effekte der Abweichungen nachgestellt werden, ohne die Ritzelwelle in ihrer Lagerung zu beeinflussen. Dadurch können im späteren Einsatz die von außen aufgeprägten Zwangskräfte durch eine alternativ notwendige, nachteilige Schiefstellung vermieden werden. Somit wird das System nicht zusätzlich beeinflusst und die Messergebnisse werden nicht verfälscht. Für alle Untersuchungen auf der Stirnradmesszelle blieb die Abtriebsseite mit dem Gegenrad unverändert. Der Vollständigkeit halber ist die Auswertung der Verzahnungsmessung des Rades **Bild 11-5** zu entnehmen.

In **Bild 7-2** ist eine Übersicht des Versuchsplan mit den jeweiligen Varianten dargestellt. Neben den Referenzradsätzen wurden unterschiedliche Ausprägungen des Taumels, der Exzentrizität sowie der Teilungsabweichung untersucht. Aufgrund der gezielten Verkippung und Verschiebung der Verzahnung im Schleifprozess war es notwendig, die Zahnweite gegenüber der Serienmodifikation zu verringern. Letztendlich wiesen alle untersuchten Ritzelwellen eine identische Zahnweite auf. Für die Untersuchung des Einflusses der Verschränkung wurde in den Getriebe- und Fahrzeuguntersuchungen eine weitere Ritzelwelle aus der Serienproduktion mit entsprechender Zahnweite untersucht. Im Folgenden werden die untersuchten Varianten vorgestellt und die Bauteilqualität hinsichtlich der gewünschten Zielgröße bewertet.

Nach der Bauteilanpassung sind die einzustellenden Abweichungen vor dem Verzahnungsschleifen geprüft worden. Diese Prüfung sah die Lageprüfung der Lagersitze relativ zu den modifizierten Zentrierbohrungen an den Enden der Ritzelwelle vor. Hierzu wurde die Ritzelwelle zwischen den Zentrierspitzen der Messmaschine aufgenommen und die Lagerabsätze bezogen auf das Ursprungskoordinatensystem in der Rotationsachse der Messmaschine, welche durch die Spitzen definiert wird, bzgl. Lauf und Lage gemessen und auf den Verzahnungsabsatz referenziert.

Geprüft wurden die Außermittigkeiten der Lagersitzen $f_{e,A}$ und $f_{e,B}$ und der Phasenversatz Φ zwischen deren Amplituden. Unter Berücksichtigung der bekannten Abstände der Messpunkte A und B von der Verzahnungsmitte $l_{A,mess}$ und $l_{B,mess}$ können die Abweichungen (Exzentrizität f_e und Taumel f_α) der Verzahnung ermittelt werden.

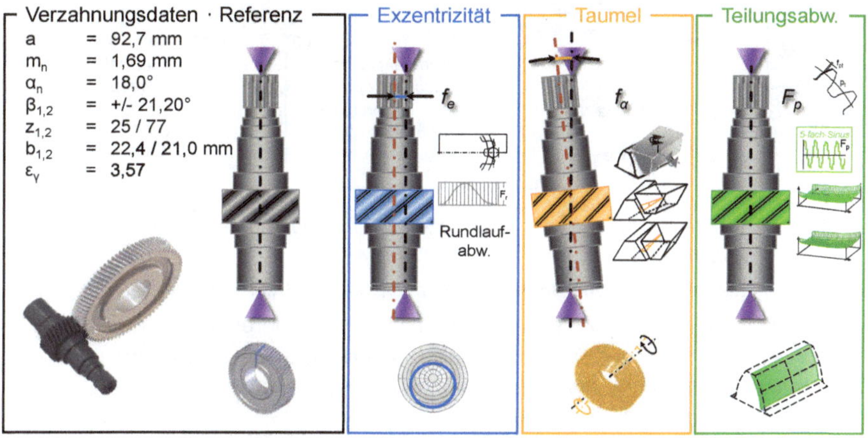

Bild 7-2: Variantenübersicht für die Untersuchung der Serienverzahnung
Overview of Variants for the Investigation of the Series Gear Set

Die Ergebnisse dieser Messungen mit den jeweiligen Zielgrößen sind in **Bild 7-3** dargestellt. Die Auswertungen beider Messpunkte belegen zum einen die Außermittigkeit und zum anderen die Verkippung des Bauteils. Das Beispiel zur Exzentrizität weist entsprechend der Auswertung eine hohe Fertigungsgüte auf. Der angestrebte Wert von f_e = 100 µm wird mit nur geringer Abweichung erreicht. Der Phasenversatz beschreibt den Winkel der Außermittigkeiten beider Messpunkte. Im Fall der Exzentrizität war ein Phasenversatz von Φ = 0° angestrebt, der für die Untersuchungen ausreichend gut erreicht wird. Da der Taumelwinkel und der Phasenversatz vernachlässigbar gering sind, wird eine reine Exzentrizität weitestgehend erreicht, sodass die geringe Abweichung zur Zielvorgabe in Höhe von 3,5 % vernachlässigbar ausfällt.

Für den Fall des Taumels wird die Verkippung der Rotationsachse eines angestrebten reinen Taumels von f_α = 0,045° mit einem Winkel von f_α = 0,041° sehr gut erreicht. Auch eine geringfügige Exzentrizität von f_e = 4,1 µm bestätigt die gut erreichten Vorgaben. Für die Bewertung der gezielten Bauteilanpassung und der daraus resultierenden Abweichung gegenüber der Sollmodifikation ist für jedes Bauteil eine Topografiemessung sowie eine All-Zahn-Profillinien, -Flankenlinien und Verschränkungsmessung durchgeführt und ausgewertet worden.

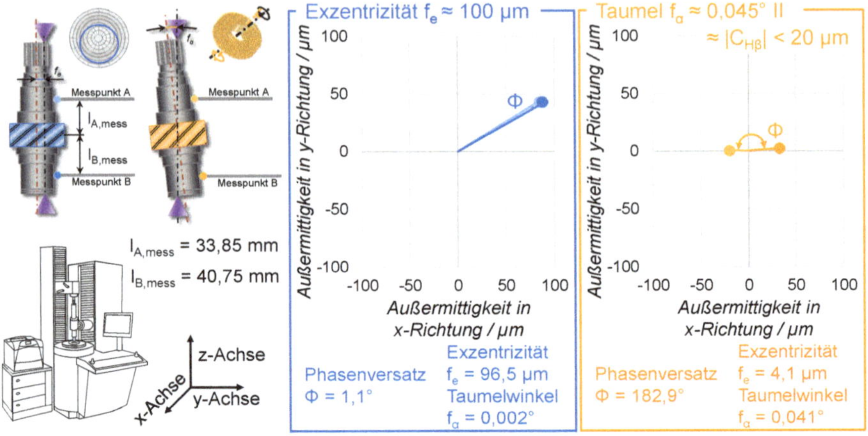

Bild 7-3: Außermittigkeiten an den Lagersitzen und resultierende Abweichung der Verzahnung

Eccentricities at the Bearing Seats and Resulting Deviation of the Gear

Die Auswertung der Linienmessungen für den Fall der Referenzvariante ist in **Bild 7-4** für die linken und rechten Zahnflanken aller Zähne abgebildet. Die Zielwerte entsprechen der mikrogeometrischen Modifikationen aus der Serienfertigung.

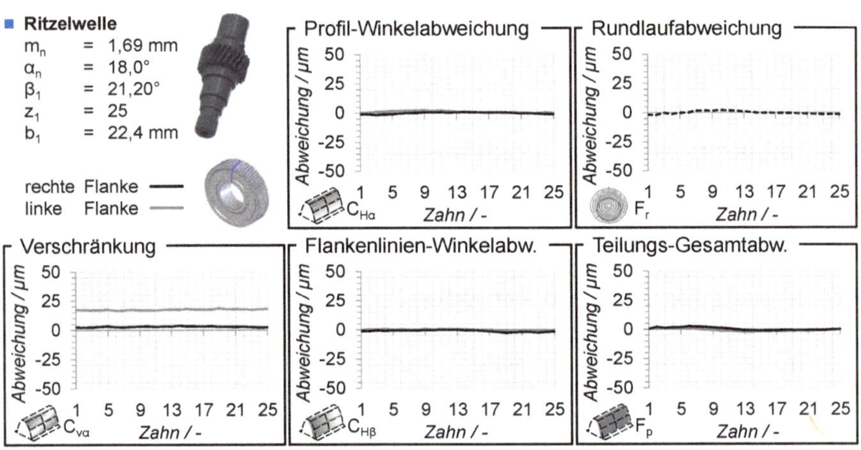

Bild 7-4: Verzahnungsmessung – Abweichung zur Sollmodifikation: Referenz

Gear Measurement – Deviation to Target Modification: Reference

Der Darstellung kann entnommen werden, dass für die Zugflanke (rechte Flanke) die fertigungsbedingte Verschränkung $C_{v\alpha}$ etwa um den Faktor $C_{v\alpha,links}/C_{v\alpha,rechts} = 5,5$ geringer ausfällt als für die Schubflanke. Die Entstehung der Verschränkung ist in dem

Fall auf einen Prozessfehler des Profilschleifverfahrens zurückzuführen. Die Rundlaufabweichung in Höhe von $F_{r,Ref.}$ = 4,1 µm (IT2 gemäß DIN ISO 1328-1) dient als Indikator für die im Folgenden zu untersuchenden langwelligen Abweichungen, wie beispielsweise der Verzahnungsexzentrizität f_e, und ist im Vergleich zur aufgebrachten Exzentrizität als vernachlässigbar anzusehen [ISO18]. Entsprechend der DIN ISO 1328-1 ist die Teilungs-Gesamtabweichung $F_{p,Ref.,rechts}$ = 3,8 µm in die IT-Klasse 1 einzustufen, wohingegen die Profil- und Flankenlinien-Winkelabweichungen $C_{H\alpha}$ und $C_{H\beta}$ gegenüber der Sollmodifikation die IT-Klasse 4 erfüllen [ISO18].

Eine analoge Auswertung einer Ritzelwelle aus der Serienfertigung ist im Anhang zu finden, vgl. **Bild 11-6**. Die Gegenüberstellung der Linienmessungen mit der Referenz (vgl. Bild 7-4) zeigt überwiegend vergleichbare Ergebnisse, mit Ausnahme der Verschränkung. Aufgrund des signifikanten Unterschiedes der Verschränkungsbeträge sowie des Vorzeichens zwischen der Referenz- und der Serienvariante, insbesondere für die Schubflanke (linke Flanke), kann die Untersuchung des Anregungsverhaltens für diese beiden Ritzelwellen hinsichtlich des Einflusses der Verschränkung genutzt werden. Aufgrund der unbeabsichtigt aufgetretenen Verschränkung steht vorwiegend die Ermittlung eines Unterschiedes anstelle einer gezielten Verbesserung des Anregungsverhaltens im Mittelpunkt der Untersuchungen.

Das Ergebnis für den Fall einer gezielten Exzentrizität von f_e = 100 µm und einer Rundlaufabweichung von F_r = 200 µm ist in **Bild 7-5** für die jeweilige Abweichung zusammengefasst. Für die Erfüllung der Zielgröße ist somit die Rundlaufabweichung heranzuziehen, die eine hohe Güte hinsichtlich der Zielerreichung aufweist.

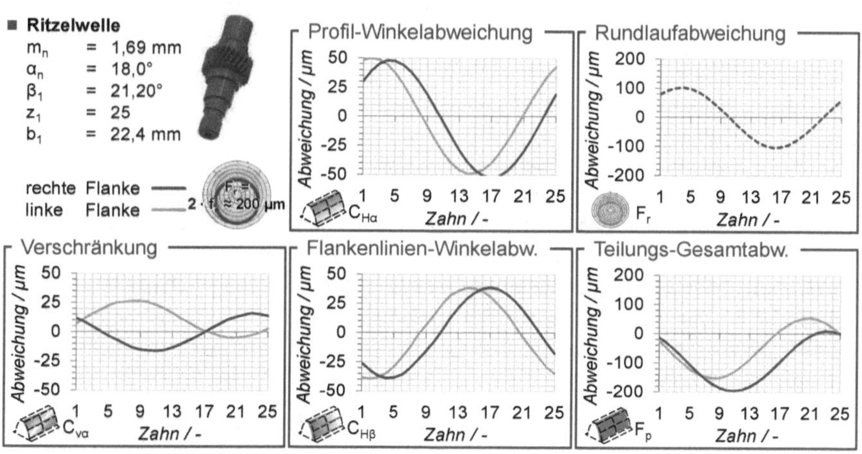

Bild 7-5: Verzahnungsmessung – Abweichung zur Sollmodifikation: Exzentrizität – f_e = 100 µm

Gear Measurement – Deviation to Target Modification: Eccentricity – f_e = 100 µm

Die übrigen Abweichungen resultieren aus der sich ändernden Position und Lage der Zahnflanke infolge der Außermittigkeit, vgl. Kapitel 6.1. Zusammengefasst kann durch die Bauteilanpassung der gewünschte Effekt ohne Bearbeitung relevanter Funktionsflächen erzielt werden. Somit wird eine negative Beeinflussung des Laufverhaltens im Versuch unterbunden.

Die Auswertung des Messschriebes zur Taumelabweichung von f_α = 0,045° respektive für den Fall einer Flankenlinien-Winkelabweichung von $|C_{H\beta}|$ < 20 µm ist in **Bild 7-6** dargestellt. Die Auswertung belegt, dass die zu erreichende Flankenlinien-Winkelabweichung durch die oben beschriebene Anpassung sehr gut erreicht wird, wobei nur eine geringfügige Beeinflussung der Rundlaufabweichung feststellbar ist.

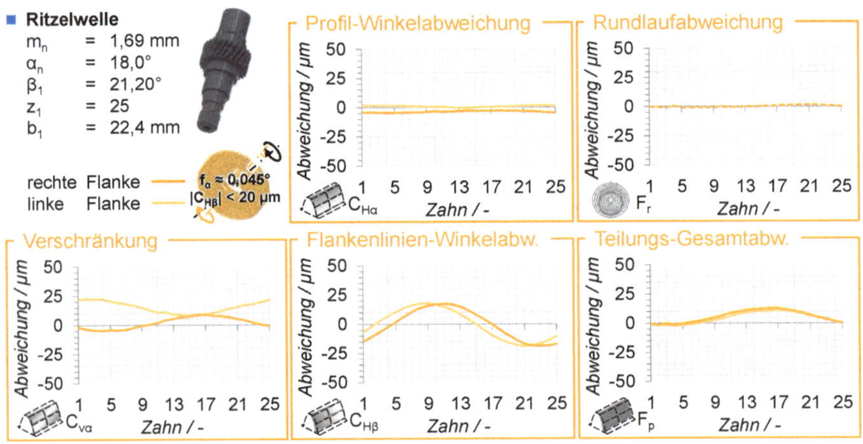

Bild 7-6: Verzahnungsmessung – Abweichung zur Sollmodifikation: Taumel – f_α = 0,045°; $|C_{H\beta}|$ < 20 µm

Gear Measurement – Deviation to Target Modification: Wobble – f_α = 0.045°; $|C_{H\beta}|$ < 20 µm

Die Teilungsabweichung wurde mittels des diskontinuierlichen Profilschleifprozesses derartig aufgebracht, dass die Verzahnung durch einen fünffach-periodischen Sinus im Verlauf der Teilungs-Gesamtabweichung am Umfang charakterisiert ist, vgl. **Bild 7-7**. Die Zielvorgabe für die maximale Teilungs-Gesamtabweichung von F_p = 10 µm wird sehr gut erreicht, während die Profil- und Flankenlinien nicht wesentlich beeinflusst werden.

Auf diese Weise kann bei annähernd identischer Mikrogeometrie das Verhalten infolge des schwankenden Abstandes der aufeinanderfolgend belasteten Zahnflanken untersucht und der Einfluss der Teilungsabweichung isoliert analysiert werden. Basierend auf diesen gemessenen Größen ist eine erhöhte Anregung der fünften Drehordnung zu erwarten, auf die der Fokus bei der Verifizierung sowie der Validierung liegt. Gemäß den vorgestellten Beispielverzahnungen sind die übrigen Varianten entsprechend der jeweiligen Zielvorgabe gefertigt worden.

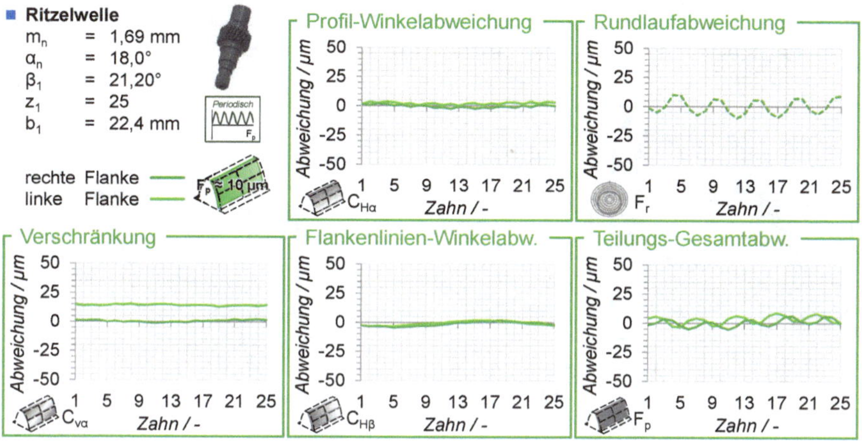

Bild 7-7: Verzahnungsmessung – Abweichung zur Sollmodifikation: Periodische Teilungs-Gesamtabweichung $F_p \approx 10$ µm

Gear Measurement – Deviation to Target Modification: Periodic Pitch Deviation $F_p \approx 10$ µm

7.3 Versuchsaufbau – Stirnradmesszelle, Getriebe, Fahrzeug

Test Setup – Cylindrical Gear Measurement Cell, Gearbox, Vehicle

Die modifizierten Radsätze sind unterschiedlichen Untersuchungen unterzogen worden. Neben zunächst quasistatischen Drehfehleruntersuchungen wurden ausgewählte Radsätze im Anschluss im End-of-Line seriennah getestet. Abschließend erfolgte die Charakterisierung der Radsätze im Fahrzeug, sodass das Geräuschverhalten im Fahrzeug bewertet wurde.

Analog zu Kapitel 5.5 sind die quasistatischen sowie dynamischen Radsatzuntersuchungen auf der Stirnradmesszelle durchgeführt worden. **Bild 7-8** zeigt oben die speziell für diesen Aufbau notwendigen Bauteile und unten links den Aufbau der Messzelle. Für das Rad, welches in der realen Applikation das Abtriebsdrehmoment über einen ausreichend dimensionierten Zylinderpressverband überträgt, ist ein gesonderter Aufnahmeflansch auf den Radkörper angepasst gefertigt worden.

Hinsichtlich der Passung zwischen Zahnrad und Flansch sind die Serienvorgaben herangezogen und die Bauteile entsprechend gefügt worden, um auf diese Weise den Zustand und die Verformung der realen Applikation abzubilden. Für eine einfache Montage ist eine Temperaturdifferenz zwischen Zahnradbohrung und Wellenabsatz in Höhe von $\Delta T_{Füge}$ = 340 K notwendig, was mit einer reinen Erwärmung des Zahnrades zu einer nachhaltigen Beschädigung der Gefügestruktur der Verzahnung geführt hätte.

Aus diesem Grund wurde die erforderliche Temperaturdifferenz durch das zusätzliche Herunterkühlen des Flansches erreicht. Hierzu kam flüssiger Stickstoff mit einer Siedetemperatur bei Normaldruck von $T_{N2,Siede}$ = -196°C zur Anwendung. Für die Aufnahme des Ritzels ist eine individuelle Konstruktion in Halbschalenbauweise mit Passstiften ausgelegt und gefertigt worden, vgl. Bild 7-8 oben rechts.

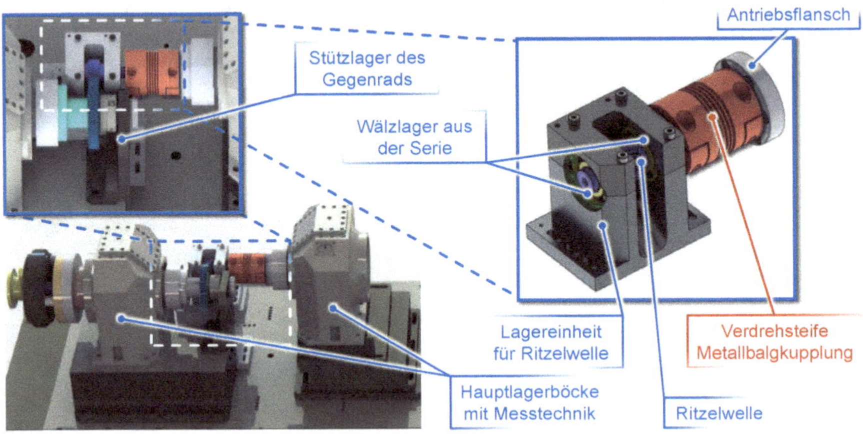

Bild 7-8: Anpassung und Aufbau der Stirnradmesszelle
Adaptation and Design of the Cylindrical Gear Measurement Cell

Die Ritzelwellen werden zusammen mit den Serienlagern montiert in die untere Halbschale eingelegt. Die obere Halbschale wird anschließend verschraubt. Auf diese Weise können für eine bessere Vergleichbarkeit der Fahrzeugtests seriennahe Verlagerungen an der Ritzelwelle nachgestellt werden. Die beiden Halbschalen werden durch Kegelpassstifte eindeutig positioniert, sodass der Montageeinfluss auf ein Minimum reduziert werden kann.

Die Einleitung des Drehmomentes an der Ritzelwelle erfolgt serienmäßig über eine Steckverzahnung. Diese Anbindung wird in dem Aufbau ebenfalls verwendet. Um Fertigungsabweichungen und montagebedingte Abweichungen zu kompensieren, wird eine verdrehsteife Metallbalgkupplung mit Aluminium-Naben eingesetzt, um Zwangskräfte zu minimieren. Die Kupplung zeichnet sich durch eine geringe Eigenmasse und somit einem geringen Trägheitsmoment aus und ist besonders torsionssteif. Dies ermöglicht eine unverfälschte Übertragung der Wälzabweichung zu den Messsystemen. Zudem erlaubt die geteilte Kupplungsnabe einen schnellen und einfachen Austausch der zu testenden Ritzelwelle. Über eine Klemmverbindung der Kupplung mit dem Antriebsflansch erfolgt die Anbindung an den antriebsseitigen Hauptlagerbock.

Für diese Untersuchungen ist die Messzelle auf dem elektrischen Verspannungsprüfstand mit zwei elektrischen Maschinen eingebunden worden, vgl. Bild 4-3 unten. Für die präzise Ausrichtung ist ein Ausrichtewerkzeug in Form von Zylindern vorgesehen, deren Außendurchmesser dem Wälzkreisdurchmesser entsprechen. Diese sind hinsichtlich der Wellenkontur bzw. dem Radkörper der später eingesetzten Verzahnung nachempfunden, vgl. **Bild 7-9** oben. Die Ausrichtung der Zylinder wird mithilfe eines Tragbildlackes geprüft. Erst wenn über die gesamte Breite des Prüfabsatzes der Kontakt besteht, kann der Achsabstand sowie die Achsparallelität gewährleistet werden. Nach der initialen Ausrichtung werden die Komponenten verstiftet, die für den Radsatzwechsel demontiert werden, sodass der eingestellte Zustand nach der erneuten Montage erreicht wird und die Einhaltung der Ausrichtung weiterhin exakt gewährleistet werden kann. Der Aufbau ist in Bild 7-9 unten zu sehen. Ein triaxialer Körperschallsensor wurde am Aufnahmebock des Ritzels appliziert, um bei Drehzahlhochläufen die dynamische Anregung zu erfassen.

Die quasistatischen Prüfstandsuntersuchungen wurden bei einer konstanten Antriebsdrehzahl $n_1 = 60\ min^{-1}$ durchgeführt. Dabei wurde das Antriebsdrehmoment von $M_1 = 10$ bis 150 Nm mit einer Schrittweite von $\Delta M_1 = 10$ Nm variiert. Zur Untersuchung der Relevanz der beschriebenen Abweichungen unter dynamischen Bedingungen wurden für diskrete Drehmomente (M_1 = 20, 60, 100 und 140 Nm) Drehzahlhochläufe durchgeführt, in denen die Antriebsdrehzahl von der Startdrehzahl $n_{1,Start} = 150\ min^{-1}$ bis zur Enddrehzahl $n_{1,Ende} = 3.600\ min^{-1}$ mit einer Rampensteigung von $\Delta n_1/\Delta t = 100\ min^{-1}s^{-1}$ untersucht wurde.

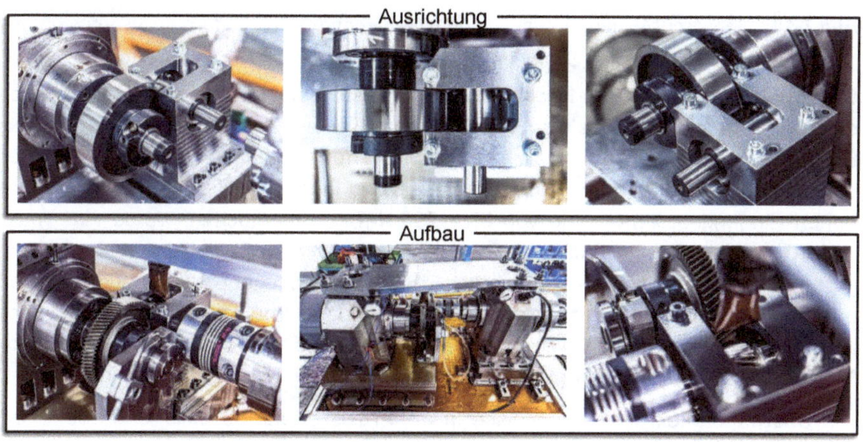

Bild 7-9: Ausrichtung der Stirnradmesszelle und Aufbau auf dem elektrischen Verspannungsprüfstand

Alignment of the Cylindrical Gear Measurement Cell and Setup on the Electrical Power Circle Test Rig

Die schrittweise Steigerung der Komplexität des zu prüfenden Systems ermöglicht die Aussage der Übertragbarkeit der zu untersuchenden Effekte. Demnach sind die Varianten aus den Radsatzuntersuchungen im Anschluss in ein Seriengetriebegehäuse verbaut und auf dem End-of-Line Prüfstand hinsichtlich des Geräuschverhaltens untersucht worden. Hierzu wurden an diversen Stellen des Getriebes Körperschallsensoren appliziert, vgl. **Bild 7-10** oben links. Aufgrund der Nähe zu der zu untersuchenden Getriebestufe und der erwartungsgemäß hohen Anregung in axialer Richtung wurde die z-Richtung von Sensor 2 für die Analysen herangezogen.

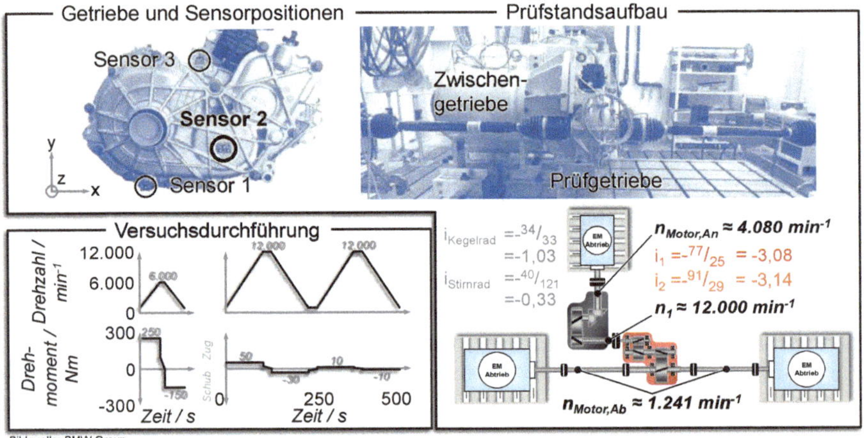

Bildquelle: BMW Group

Bild 7-10: Sensorpositionen, Aufbau auf dem Getriebeprüfstand und Versuchsdurchführung
Sensor Positions, Setup on the Gearbox Test Rig and Test Procedure

Der Prüfaufbau ist in Bild 7-10 oben rechts dargestellt und gliedert sich wie unten vereinfacht dargestellt in drei elektrische Maschinen, einem Zwischengetriebe (grau) zur Erreichung der hohen Antriebsdrehzahl sowie dem Prüfgetriebe (rot) selbst. Die Versuchsdurchführung ist bedingt durch die Leistung in zwei Zyklen gegliedert. Um die hohen Eingangsdrehmomente von M_1 = 250 Nm zu untersuchen, wurde eine maximale Drehzahl von n_1 = 6.000 min^{-1} als Zielgröße für den Zugbetrieb und als Startgröße für den Schubbetrieb angefahren. Ein analoges Vorgehen wurde für die Untersuchung der hohen Drehzahlen gewählt, sodass maximale Drehzahlen von n_1 = 12.000 min^{-1} erreicht werden konnten und die Drehmomente von M_1 = 50 bzw. -30 und ±10 Nm getestet worden sind, vgl. Bild 7-10 unten links.

Die Übertragbarkeit der Erkenntnisse in die Praxis erfolgt abschließend über Fahrzeugmessungen. Hierzu sind die zu untersuchenden Varianten mit Lagern bestückt vorbereitet und nacheinander in einem einzigen Getriebe im Fahrzeug getestet worden. Um den Einfluss der übrigen Komponenten zwischen den Versuchsvarianten zu minimieren, sind diese wie auch das Fahrzeug über die Versuchsläufe nicht ausgetauscht worden.

Ein Körperschallsensor zur unmittelbaren Erfassung der Geräuschanregung ist am Getriebe montiert und zwei Mikrofone in der Fahrzeugkabine positioniert worden. Die Erfassung an zwei unterschiedlichen Orten im Fahrzeug erlaubt eine Bewertung des

Geräusches für mitfahrende Personen auf dem Rücksitz sowie für den Fahrer im vorderen Fahrzeuginnenraum, vgl. **Bild 7-11** oben.

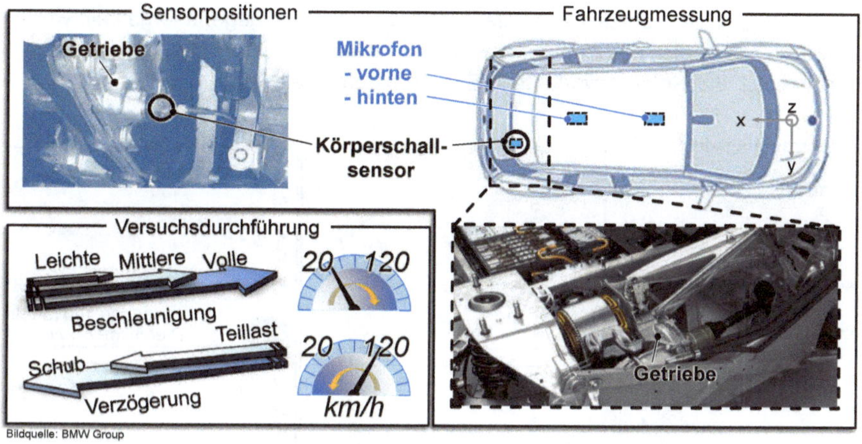

Bild 7-11: Sensorpositionen bei Fahrzeugmessung und Versuchsdurchführung
Sensor Positions during Vehicle Measurement and Test Procedure

Die Versuchsdurchführung gliedert sich zum einen in Beschleunigungs- und zum anderen in Verzögerungsfahrten. Das Fahrzeug wurde dazu in drei Stufen (leicht, mittel und voll) von v = 20 auf 120 km/h beschleunigt und einmal im Zugbetrieb in Teillast sowie im Schubbetrieb verzögert. Die Fahrzeuggeschwindigkeiten entsprechen Motordrehzahlen respektive der Drehzahl an der Getriebeeingangswelle von n_1 = 1.500 bis 8.800 min^{-1}.

7.4 Einfluss der Abweichungen auf das Anregungs- und Geräuschverhalten

Influence of the Deviations on the Excitation and Noise Behavior

Die Erfassung des Anregungs- bzw. Geräuschverhaltens ist in vier Stufen gegliedert. Ausgehend von quasistatischen Untersuchungen in einer Stirnradmesszelle kann die Anregung aus dem Zahnkontakt präzise über den Drehfehler und in Hochläufen das dynamische Geräuschverhalten über den Körperschall des isolierten Radsatzes bestimmt werden. Die Relevanz dieser Untersuchungen wird durch die experimentellen Analysen im Seriengetriebe und abschließend im Fahrzeug belegt.

7.4.1 Stirnradmesszelle: Einflanken- und Betriebs-Wälzprüfung

Cylindrical Gear Measurement Cell: Single Flank and Operating Condition Test

Im Folgenden werden die Ergebnisse der Betriebs-Wälzprüfung auf der Stirnradmesszelle vorgestellt. Das übergeordnete Ziel ist die Verifizierung der zuvor gewonnenen

Erkenntnisse. Das untergeordnete Ziel ist die Validierung der eingesetzten Zahnkontaktanalyse. Für jede Abweichungsart wurde eine Variante untersucht, für die eine Allzahntopographiemessung in der FE-STIRNRADKETTE eingelesen und der errechnete Drehfehler mit dem der experimentellen Untersuchungen gegenübergestellt worden ist. Für den Vergleich des Anregungsverhaltens infolge der Abweichungen ist zunächst der Abgleich der Referenzvariante in **Bild 7-12** dargestellt.

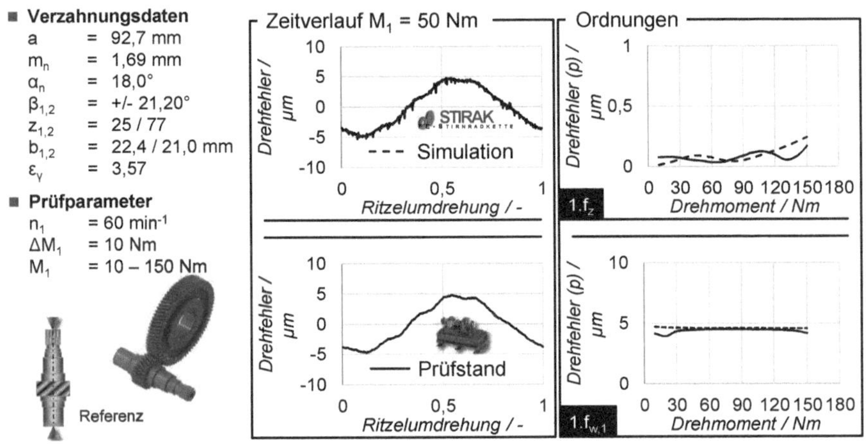

Bild 7-12: Drehfehler der Referenz

Transmission Error of the Reference

Die linken Diagramme zeigen den zeitlichen Verlauf des Drehfehlers über eine Ritzelumdrehung bei M_1 = 50 Nm. Das Diagramm auf der rechten oberen Seite zeigt das drehmomentabhängige Anregungsverhalten der ersten Zahneingriffsordnung. Mit geringen Abweichungen im Verlauf, die einen Betrag von ΔDF = 0,1 µm nicht überschreiten, ist insbesondere im quantitativen Vergleich eine sehr gute Übereinstimmung festzustellen.

Neben der Validierung des kurzwelligen Anteils ist in Bild 7-12 rechts unten der langwellige Anteil gegenübergestellt. Aus dem Zeitverlauf ist bereits eine langwellige Periodizität mit einer Amplitude von $DF_{(p)}$ ≈ 5 µm zu entnehmen. Neben der qualitativen wie auch quantitativen Übereinstimmung des Zeitverlaufes zwischen Prüfstand und Simulation, vgl. Bild 7-12 mittig, ist eine sehr gute Übereinstimmung der ersten Drehordnung bezogen auf das Ritzel festzustellen. Demnach zeigen sowohl das berechnete als auch das gemessene Ergebnis eine über dem Drehmoment überwiegend konstante Anregung der ersten Drehordnung mit einer Amplitude von etwa $DF_{1.fw,Ref.}$ = 5 µm. Die Übereinstimmungen der Referenzvariante belegen die Gültigkeit der erweiterten Berechnungsmethode und sind ein erster Beleg der Validierung für diesen Verzahnungsfall.

Als weiteres Validierungsbeispiel und zur Verifizierung des Einflusses langwelliger Abweichungen dient die Variante mit einer Exzentrizität von f_e = 100 µm. Der langwellige Anteil, der durch die Exzentrizität induziert wird, ist im Zeitverlauf deutlich zu erkennen, vgl. **Bild 7-13** links. Analog zu den Erkenntnissen aus Kapitel 6.3.1 entspricht die Spannweite des Drehfehlerverlaufes genau dem doppelten Wert der Exzentrizität und folgt demnach der Rundlaufabweichung der zugehörigen Verzahnungsmessung aus Kapitel 7.2. Auch für dieses Beispiel ist eine sehr gute Übereinstimmung des Zeitverlaufes festzustellen.

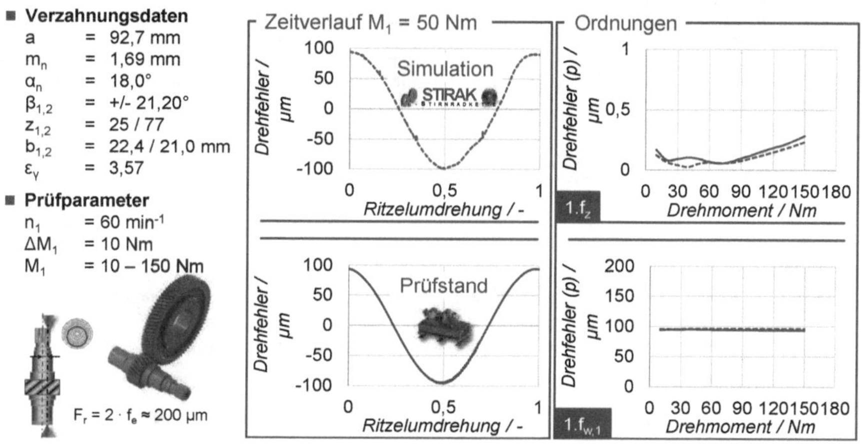

Bild 7-13: Drehfehler infolge von Exzentrizität

Transmission Error due to Eccentricity

Neben dem Zeitverlauf sind analog zur Variante zuvor die charakteristischen Ordnungen gegenübergestellt. Sowohl der lastabhängige Verlauf der Zahneingriffsordnung als auch der der Drehordnung weisen qualitativ wie auch quantitativ eine sehr gute Übereinstimmung auf. Die Untersuchungsergebnisse zu den verbleibenden Abweichungsarten sind in **Bild 7-14** dargestellt. Hierzu zählen die Untersuchungsergebnisse zu den in Kapitel 7.2 gezeigten Verzahnungsmessungen.

Die Taumelabweichung von f_α = 0,045° ist durch eine periodisch schwankende Flankenlinien-Winkelabweichung von $|C_{H\beta}|$ < 20 µm charakterisiert und die Teilungsabweichung durch eine fünffache Periodizität. Für beide Varianten ist mit nur geringen Abweichungen im Bereich der Drehordnungen eine gute Vergleichbarkeit der Ergebnisse zwischen Prüfstand und Simulation zu verzeichnen. Charakteristisch ist, wie auch im Fall der Exzentrizität ersichtlich, die im Wesentlichen drehmomentunabhängige Anregung der ersten Drehordnung.

Zu beachten ist, dass bei den gezeigten Simulationen die Verlagerungen sowie ggf. auftretende Montageabweichungen, die sich aus dem Gesamtsystem ergeben können, nicht berücksichtigt wurden und trotz der Vernachlässigung dieser Abweichungen bereits eine hohe Berechnungsgüte vorliegt.

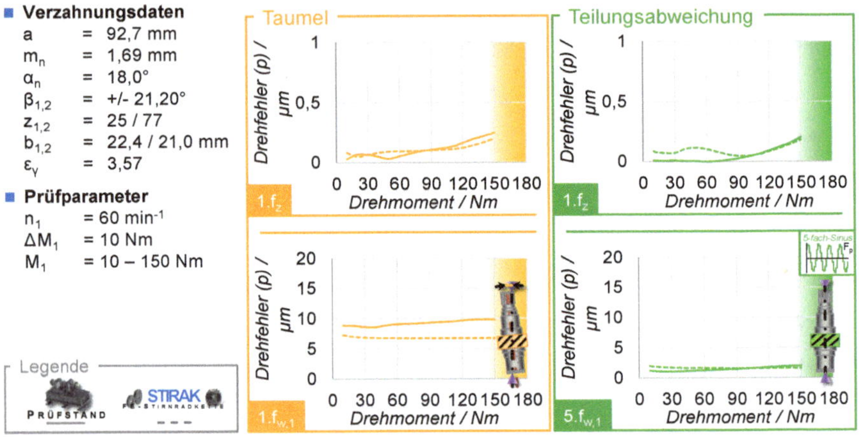

Bild 7-14: Drehfehler infolge von Taumel und periodischer Teilungsabweichung
Transmission Error due to Wobble and Periodic Pitch Deviation

Zusammengefasst kann mithilfe der gezeigten Varianten und der jeweiligen Abweichungsarten der Einfluss auf das Anregungsverhalten nachgewiesen und die FE-STIRNRADKETTE nicht nur für den kurzwelligen, sondern auch für den langwelligen Frequenzbereich validiert werden. Für die gezeigten Untersuchungen an unterschiedlichen Varianten kann über dem Bereich der Zahneingriffsordnungen hinaus durch die Berechnungsmethode die Anregungen im Bereich der Drehordnungen realitätsnah abgebildet werden. Die Methode befähigt somit zur validierten Analyse des sowohl kurz- als auch langwelligen Anregungsverhaltens.

7.4.2 Stirnradmesszelle: Übertragbarkeit der Erkenntnisse aus der Quasistatik auf die Dynamik

Cylindrical Gear Measurement Cell: Transferability of the Findings from Quasistatic to Dynamic

Die quasistatischen Drehfehleruntersuchungen sind zur Überprüfung der Übertragbarkeit der Anregungscharakteristika vereinzelt um dynamische Versuche auf der Stirnradmesszelle in Form von Drehzahlhochläufen auf dem elektrischen Verspannungsprüfstand erweitert worden. Der Körperschall wurde durch einen triaxialen Beschleunigungssensor erfasst, der unmittelbar an einem Wälzlagerstelle der Ritzelwelle angebracht wurde. Für die Auswertungen werden die Daten des Sensors in axialer Richtung des Radsatzes verwendet.

In **Bild 7-15** sind die Ordnungsspektren des gemessenen Körperschalls für die Variante mit dem Taumel bei steigenden Antriebsdrehmomenten M_1 = 20, 60, 100 und 140 Nm abgebildet. Den Ordnungsbezug stellt dabei weiterhin die Drehzahl des Ritzels dar.

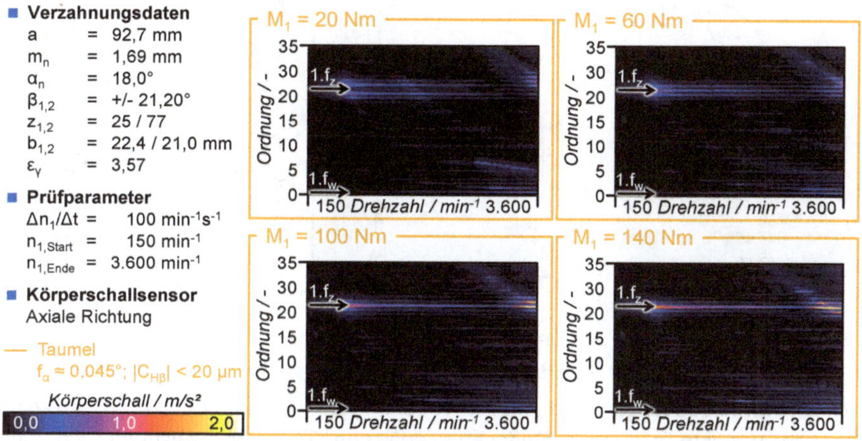

Bild 7-15: 3D-Ordnungsspektren des Körperschalls: Taumel

3D Order Spectra of Structure-Borne Noise: Wobble

Für jedes der untersuchten Drehmomente ist eine Anregung im Bereich der Zahneingriffsordnung zu erkennen. Weiterhin kann in den dreidimensionalen Ordnungsspektren eine Aufweitung der Anregung der Zahneingriffsordnung durch die entstehenden Seitenbänder identifiziert werden. Diese Anregungsüberhöhungen sind insbesondere in Bereichen von Eigenfrequenzen besonders dominant. Weiterhin können im Bereich niedriger Ordnungen Anregungsüberhöhungen festgestellt werden, deren Amplituden unterhalb derer der Zahneingriffsordnung liegen.

In **Bild 7-16** sind die gemittelten Ordnungsspektren von der Taumel- und Referenzverzahnung für die vier Drehmomente gegenübergestellt. Für die Anregung in der zweiten Drehordnung kann eine Verdoppelung gegenüber der Referenz verzeichnet werden. Die dritte und vierte Drehordnung wird ebenso überhöht angeregt. Einflüsse ab der fünften Drehordnung sind im langwelligen Bereich nicht zu erkennen. Bei geringen Drehmomenten M_1 = 20 und 60 Nm ist aufgrund der ausgeprägten Verkippung des Zahnrades und des dadurch vor- und nacheilenden Zahneingriffs eine deutliche Reduzierung der Anregung in der ersten Zahneingriffsordnung von bis zu 80 % zu verzeichnen. Gleichzeitig erfolgt aufgrund der Modulationseffekte eine Erhöhung der Seitenbandanregung im Bereich von O = ±2 Ordnungen.

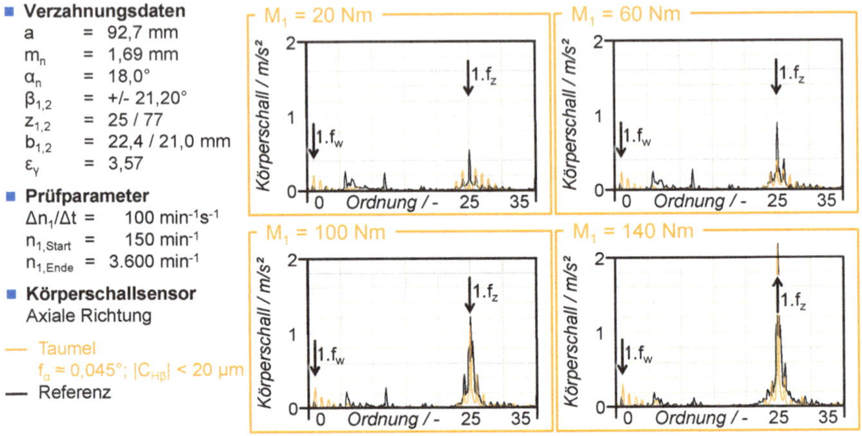

Bild 7-16: Vergleich der Anregungen: Taumel und Referenz
Comparison of Excitations: Wobble and Reference

Weitere Untersuchungen sind unter identischen Bedingungen mit der in Bild 7-7 gezeigten Variante mit einer fünffach-periodischen Teilungsabweichung und einer Amplitude von $F_P \approx 10$ µm durchgeführt worden. Analog zu den quasistatischen Untersuchungen aus Kapitel 7.4.1 ist anhand der in **Bild 7-17** abgebildeten Ordnungsspektren auch unter dynamischen Bedingungen eine von dem Drehmoment nahezu unabhängige Anregung der fünften Drehordnung festzustellen.

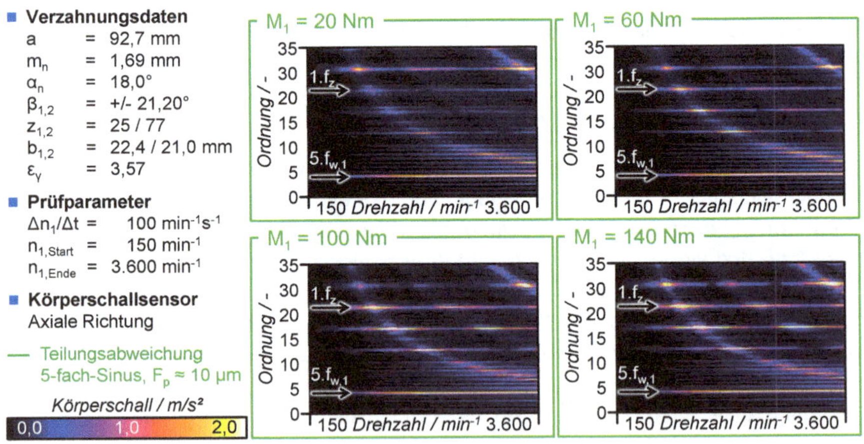

Bild 7-17: 3D-Ordnungsspektren des Körperschalls: Periodische Teilungsabweichung
3D Order Spectra of Structure-Borne Noise: Periodic Pitch Deviation

Die dynamischen Untersuchungen verifizieren zudem die in der ersten Zahneingriffsordnung mit steigender Last zunehmende Anregung. Es ist insbesondere bei Antriebsdrehzahlen ab $n_1 = 800\ \text{min}^{-1}$, im Bereich der Eigenfrequenz des Prüfaufbaus, eine erhöhte Anregung in den Höherharmonischen der fünften Drehordnung zu erkennen, die mit den Seitenbändern der Zahneingriffsordnung mit einem Abstand von fünf Ordnungen zusammenfallen.

Für einen Vergleich wurde erneut die Referenzvariante ohne langwellige Abweichungen herangezogen und unter identischen Bedingungen getestet. In **Bild 7-18** sind die über dem Drehzahlhochlauf gemittelten Ordnungsspektren bei den bereits genannten Antriebsdrehmomenten für die Teilungsabweichungsvariante und der Referenz zu sehen.

Die Beschleunigungen in der fünften Drehordnung liegen durchweg in einem Bereich von $a_{5.fw,1,Teil.} = 6{,}5$ bis $7\ \text{m/s}^2$ für die mit einer fünffach-periodischen Teilungsabweichung versehene Variante, wohingegen die Anregung der Referenzverzahnung vernachlässigbar ausfällt.

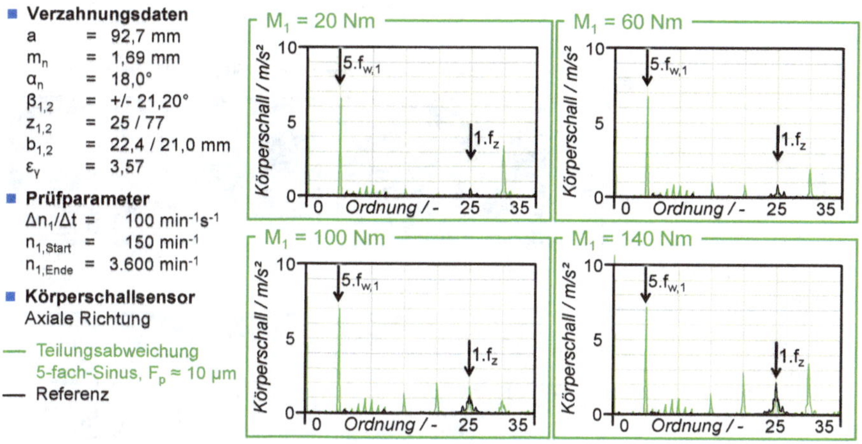

Bild 7-18: Vergleich der Anregungen: Periodische Teilungsabweichung und Referenz
Comparison of the Excitations: Periodic Pitch Deviation and Reference

Es ist ersichtlich, dass die Beschleunigungen in den höherharmonischen Ordnungen in geringem Maße lastabhängig sind. Dies könnte auf Effekte der Amplituden- und Phasenmodulation mit der Anregung in der drehmomentabhängigen Zahneingriffsordnung hinweisen, insbesondere in den Ordnungen O = 20 und 30.

Zusammengefasst verifizieren die Untersuchungen unter dynamischen Bedingungen die Auswirkungen von langwelligen Abweichungen auf das Anregungsverhalten. Weiterhin kann unter der Berücksichtigung des Transferpfades zwischen dem Zahnkontakt und dem Körperschallsensor die Übertragbarkeit der Effekte aus der Quasistatik bestätigt werden.

7.4.3 Getriebeuntersuchungen

Gearbox Investigations

Nach Abschluss der Untersuchungen auf der Stirnradmesszelle sind die Varianten in das Seriengetriebe eingebaut und auf dem in Kapitel 7.3 vorgestellten Getriebeprüfstand und unter Anwendung des gezeigten Versuchsablaufs hinsichtlich ihres Geräuschverhaltens untersucht worden. Die Auswertung der Referenzvariante ist in **Bild 7-19** dargestellt und wird für den Vergleich der weiteren Varianten herangezogen.

Die Darstellung der Spektren zeigt zunächst neben den Zahneingriffsordnungen Bereiche von Systemeigenfrequenzen durch hyperbolisch verlaufende Anregungsüberhöhungen. Neben der ersten Zahneingriffsordnung der Getriebeeingangswelle weist die zweite Zahneingriffsordnung insbesondere in Bereichen der Systemeigenfrequenzen eine erhöhte Anregung auf. Aufgrund der im Leistungsfluss beteiligten Zahneingriffe können auch diese im Spektrum zu einer Anregungsüberhöhung führen. Das charakteristische Anregungsverhalten unterscheidet sich nur geringfügig zwischen der Zug- und der Schubflanke. Um einen direkten Vergleich der Varianten vornehmen zu können, sind im Folgenden die Spektren über der Drehzahl gemittelt worden.

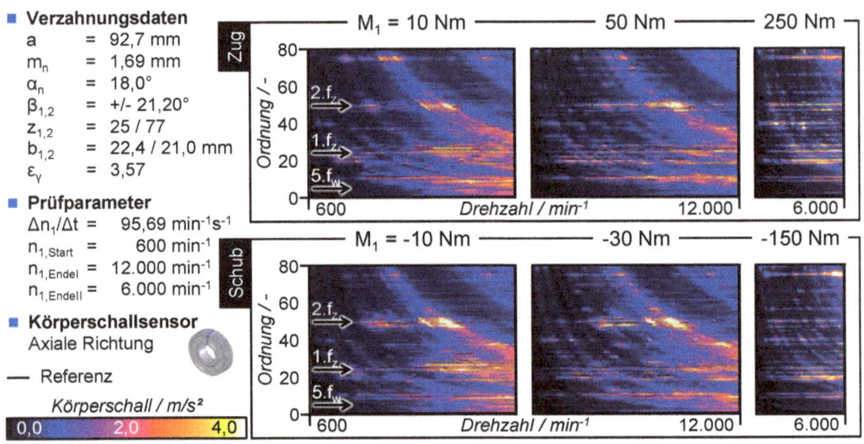

Bild 7-19: 3D-Ordnungsspektren des Körperschalls: Referenz

3D Order Spectra of Structure-Borne Noise: Reference

Die Variante mit der periodischen Teilungsabweichung zeigt die charakteristische Anregungsüberhöhung in der entsprechend periodischen Ordnung, vgl. **Bild 7-20**, und bestätigt die Ergebnisse aus den zuvor gezeigten Radsatzuntersuchungen. Demnach ist im Vergleich zur Referenz eine deutlich höhere Anregung in der fünften Drehordnung zu verzeichnen, die für den Fall der Referenz im Rauschen untergeht und infolge der Teilungsabweichung Werte zwischen $a_{5.fw,1,Teil.}$ = 5,3 und 12,8 m/s² für die niedrigen Lasten annimmt. Zudem ist eine signifikante Rücknahme der ersten Zahneingriffsordnung bei gleichzeitiger Erhöhung der Seitenbandamplituden im Abstand von fünf

Ordnungen festzustellen. Die Amplitudenzunahme dieser Seitenbänder liegt zum Teil im Bereich der Zahneingriffsordnung der Referenz und übersteigt diese sogar vereinzelt (Schub M_1 = -30 Nm). Mit zunehmender Last und aufgrund des geringeren getesteten Drehzahlbereiches und der somit geringeren eingebrachten Energie in das System ist eine verringerte Anregung für die fünfte Drehordnung festzustellen. Dies könnte auch auf das lastabhängige Steifigkeitsverhalten der Struktur zurückgeführt werden.

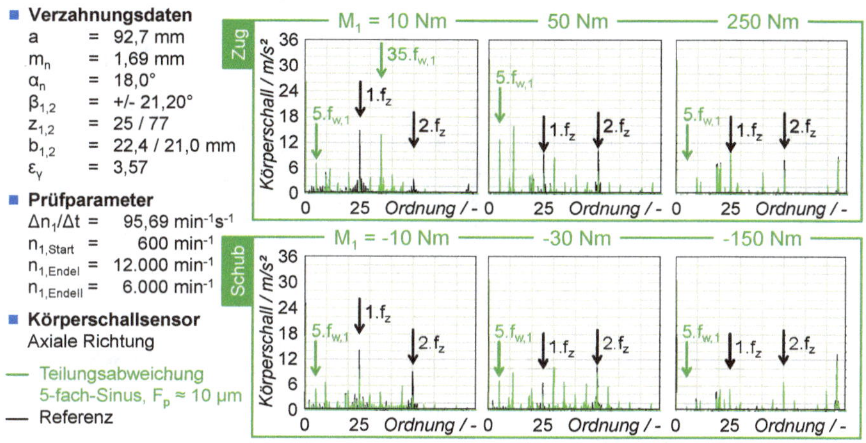

Bild 7-20: Vergleich der Anregungen: Periodische Teilungsabweichung und Referenz
Comparison of the Excitations: Periodic Pitch Deviation and Reference

Für den Vergleich aller Varianten werden die aus den Voruntersuchungen bekannten charakteristischen Ordnungen der jeweiligen Abweichungsart aus den gemittelten Spektren entnommen und gegenübergestellt. Um den Einfluss der Verschränkung zu ermitteln, ist die erste Zahneingriffsordnung der Referenz und die der Serie entnommenen Verzahnung gegenübergestellt (vgl. Kapitel 7.2). Der Einfluss auf die erste Drehordnung wird für den Fall der Exzentrizität und des Taumels bestimmt. Darüber hinaus wird der Einfluss des Taumels in der zweiten Drehordnung analysiert. Entsprechend der gezeigten Ergebnisse der Teilungsabweichung und deren Periodizität werden die Auswirkungen dieser Abweichung hinsichtlich der fünften Drehordnung und der ersten Harmonischen betrachtet. Diese Gegenüberstellung ist für die Getriebeuntersuchung in **Bild 7-21** abgebildet.

Wird zunächst der Vergleich der Referenzvariante mit der Serienvariante bzgl. der Zahneingriffsordnung vorgenommen, so ist ein Unterschied zwischen den Varianten zu erkennen, vgl. Bild 7-21 mittig. Allgemein wirken sich die abweichenden Verschränkungen der Serienfertigung positiv auf die Zugflanke und negativ auf die Schubflanke aus. Während eine Verringerung des Körperschalls bei Niedriglast um $\Delta a_{1.fz,Serie}$ = -5,41 m/s² (M_1 = 10 Nm) durch die Verschränkungsdifferenz gemessen werden kann, ist eine gleichermaßen signifikante Erhöhung der Anregung bei maximaler Belastung der Schubflanke (M_1 = -150 Nm) von $\Delta a_{1.fz,Serie}$ = 2,74 m/s² zu verzeichnen. Dieses Verhalten deckt sich mit der großen Verschränkungsdifferenz zwischen den Schubflanken beider Varianten, vgl. Bild 7-4 und Bild 11-6. Ein Einfluss kann basierend auf diesen Messungen demnach bestätigt werden.

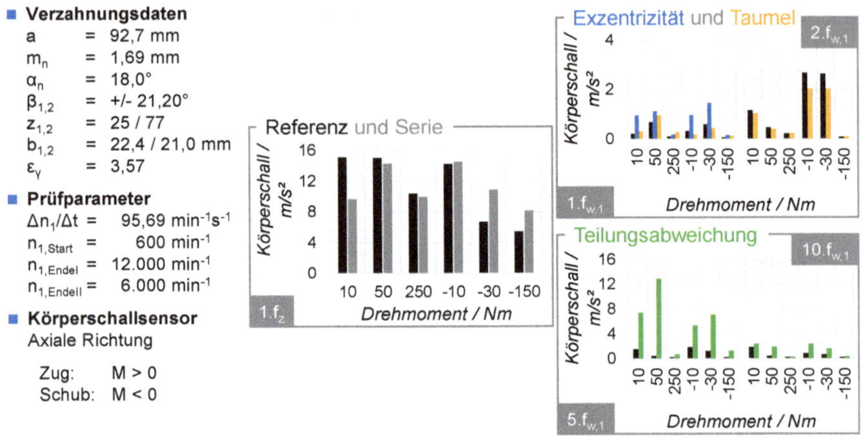

Bild 7-21: Vergleich charakteristischer Ordnungen: Getriebeprüfstand – Körperschall
Comparison of Characteristic Orders: Gearbox Test Rig –Structure-Borne Noise

Für den Vergleich der Drehordnungen ist zunächst das allgemein geringere Anregungsniveau des Körperschalls festzustellen. Demnach liegen die Anregungen in der ersten und zweiten Drehordnung im Bereich von $a_{1/2.fw,1}$ > 3 m/s², vgl. Bild 7-21 oben rechts. Trotz der geringen Amplituden ist der Einfluss der Abweichungen in den Amplituden erkennbar. Analog zu den quasistatischen Untersuchungen, in denen die höchste Anregung in der ersten Drehordnung bei der Exzentrizität ermittelt werden konnte und eine geringfügige Erhöhung infolge des Taumels beobachtet wurde, ist eine ähnliche Abstufung für die untersuchten Drehmomente erkennbar. So weist die Exzentrizitätsvariante überwiegend die höchste Anregung auf. Im Vergleich zur Referenz liegt auch in diesen Untersuchungen die Variante mit dem Taumel eine höhere Anregung auf.

Die Teilungsabweichung weist den signifikantesten Einfluss auf das Geräuschverhalten auf, vgl. Bild 7-21 unten rechts. Infolge der Abweichung ist für jeden Versuchspunkt eine zum Teil um ein vielfaches erhöhte Anregung festzustellen, die auch für die erste Harmonische erkennbar ist.

7.4.4 Fahrzeuguntersuchungen

Vehicle Tests

Die Fahrzeuguntersuchungen sind mit einem separaten Getriebe durchgeführt worden. So ist bei der Analyse ein gewisser Montageeinfluss neben dem Einfluss des

Prüfablaufs zu berücksichtigen. Die Versuche sind gemäß der Beschreibung aus Kapitel 7.3 durchgeführt worden. Hieran angelehnt erfolgt die Auswertung analog zu den zuvor gezeigten Getriebeuntersuchungen. Die fünf untersuchten Belastungszustände lassen sich hinsichtlich der Änderungsrate der Geschwindigkeit in Beschleunigung und Verzögerung unterteilen. Zu beachten ist, dass unabhängig dessen lediglich für den Betriebszustand Schub die korrespondierende Flanke belastet wurde. Die übrigen Betriebszustände repräsentieren unterschiedliche Belastungszustände der Zugflanke. Neben dem Körperschall am Getriebe ist das Fahrzeug an zwei Positionen mit Mikrofonen ausgestattet worden. Auf diese Weise kann der Transfer des Geräusches charakterisiert und der Einfluss dessen bestimmt werden.

Bild 7-22 zeigt zusammengefasst das Ergebnis der Oberflächenschwingung am Getriebegehäuse in axialer Richtung der Eingangsstufe. Hinsichtlich des Einflusses der Verschränkung auf die Amplitude der ersten Zahneingriffsordnung ist für die Serienvariante im Vergleich zur Referenz eine durchweg höhere Anregung zu verzeichnen, vgl. Bild 7-22 mittig. So ist für diese Varianten aufgrund der Integration des Getriebes in den Fahrzeugverbund und der resultierenden Strukturschwingung für die Verzahnungsordnung ein indifferentes Anregungsverhalten zwischen Prüfstand (Bild 7-21) und Fahrzeug (Bild 7-22) zu verzeichnen, was ggf. durch die oben genannten Einflussfaktoren begründet werden kann.

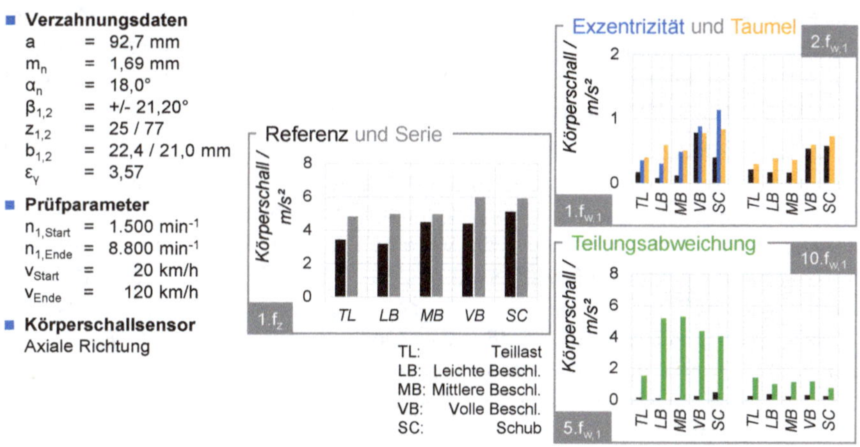

Bild 7-22: Vergleich charakteristischer Ordnungen: Fahrzeug – Körperschall

Comparison of Characteristic Orders: Vehicle – Structure-Borne Noise

Die Betrachtung der ersten beiden Drehordnung zeigt erneut eine im Vergleich zur Zahneingriffsordnung geringere Anregung auf, aber bestätigt die aus den vorangegangenen Untersuchungen gewonnenen Erkenntnisse, vgl. Bild 7-22 oben rechts. Demzufolge weisen die Varianten mit einer Exzentrizität oder einem Taumel stets eine signifikant höhere Anregung in der ersten Ordnung als die Referenz auf, was für den Fall des Taumels auf die zweite Drehordnung übertragen werden kann. Die Zunahme der Oberflächenbeschleunigung für die erste Ordnung liegt für den Fall der Exzentrizität zwischen $\Delta a_{1.fw,1,Exz.}$ = 0,11 (VB) und 0,74 m/s² (SC) und für den Fall des Taumels zwischen $\Delta a_{1.fw,1,Tau.}$ = 0,00 (VB) und 0,52 m/s² (LB). Für die zweite Ordnung ist eine geringere Zunahme zu verzeichnen und liegt hier zwischen $\Delta a_{2.fw,1,Tau.}$ = 0,06 (VB) und 0,23 m/s² (LB)für den betrachteten Taumelwinkel.

Die Fahrzeuguntersuchungen bestätigen zudem den erheblichen Einfluss der Teilungsabweichung auf die entsprechend periodische Ordnung, vgl. Bild 7-22 unten rechts. Auch für diese Untersuchungen ist eine erhebliche Zunahme der Anregung in der fünften Ordnung ($\Delta a_{5.fw,1,Teil.}$ = 1,42 (TL) bis 5,20 m/s² (MB)) wie auch der ersten Harmonischen ($\Delta a_{10.fw,1,Teil.}$ = 0,56 (SC) bis 1,20 m/s² (TL)) zu erkennen.

Abschließend erfolgt die Analyse des Luftschalls. Dieser repräsentiert das vom menschlichen Gehör objektiv wahrgenommene Geräusch. Die bisher gewählte Vorgehensweise ermöglicht die Analyse des Getriebes und in diesem Fall des Einflusses der langwelligen Abweichung auf das Geräuschverhalten im Fahrzeug.

Aufgrund des nicht eindeutigen Verhaltens der Zahneingriffsordnung infolge der Verschränkung im Körperschall liegt der Fokus der folgenden Betrachtung auf den Varianten mit langwelligen Abweichungen. Prinzipbedingt weisen die gemessenen Luftschallwerte für den hinteren, näher am Getriebe liegenden Fahrzeuginnenraum einen höheren Pegel auf als im vorderen Bereich, vgl. **Bild 7-23** mittig und rechts. Zu beachten ist, dass eine Erhöhung des Luftschalls um L_p = 3 dB einer Verdoppelung der Schallintensität entspricht. Vor diesem Hintergrund sind die aufgezeichneten Werte quantitativ mit den vorangegangenen Untersuchungen ins Verhältnis zu setzen.

Im allgemeinen Vergleich weist die Referenz mit Ausnahme weniger Messungen stets den geringsten Pegel für die ausgewerteten Größen auf, was den Einfluss der langwelligen Abweichungen auf die entsprechenden Drehordnungen bestätigt. Für den Anteil der ersten Drehordnung weist die Variante mit einer Exzentrizität für jeden Betriebszustand die höchste (zwischen $\Delta L_{p,1.fw,1,Exz.}$ = 6,70 (TL) und 15,45 dB (SC)) und die Variante mit einem Taumel die zweithöchste (zwischen $\Delta L_{p,1.fw,1,Tau.}$ = 0,04 (VB) und 5,96 dB (SC)) Zunahme des Pegels auf, vgl. Bild 7-23 oben mittig. Zwar ist der Einfluss des Taumels in der zweiten Drehordnung in absoluter Betrachtung zum Teil gering (zwischen $\Delta L_{p,2.fw,1,Tau.}$ = -0,54 (VB) und 6,19 dB (TL)), jedoch in den Messungen eindeutig nachweisbar.

Die Teilungsabweichung wirkt sich auch im Luftschall am deutlichsten auf das Geräuschverhalten aus. Demnach ist eine Erhöhung von mindestens $\Delta L_{p,5.fw,1,Teil.}$ = 5,96 dB (TL) und maximal von $\Delta L_{p,5.fw,1,Teil.}$ = 9,88 dB (SC) in der fünften Drehordnung im hinteren Fahrzeuginnenraum zu verzeichnen, vgl. Bild 7-23 unten mittig. Für die Höherharmonische ist ein zum Teil indifferentes Verhalten zu erkennen. So liegt die Pegeländerung zwischen $\Delta L_{p,10.fw,1,Teil.}$ = -0,42 (MB) und 1,23 dB (VB).

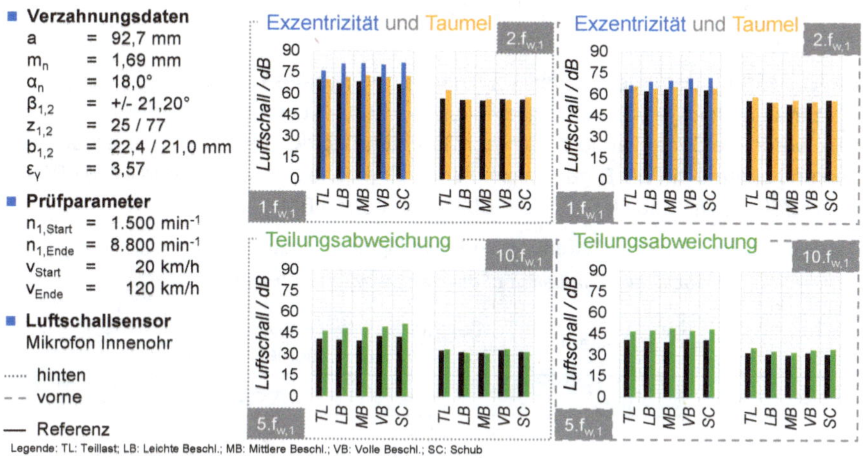

Bild 7-23: Vergleich charakteristischer Ordnungen: Fahrzeug – Luftschall
Comparison of Characteristic Orders: Vehicle – Airborne Noise

Der Einfluss des frequenzabhängigen Transferpfades ist in den Messungen des vorne positionierten Mikrofons zu verzeichnen. So werden einige Frequenzen in ihren Pegeln über den Transferpfad gedämpft bzw. nehmen an Energie ab und andere werden verstärkt. In der ersten Drehordnung ist somit für den Fall der Exzentrizität eine Zunahme zwischen $\Delta L_{p,1.fw,1,Exz.}$ = 2,89 (TL) und 8,67 dB (SC) gemessen worden, vgl. Bild 7-23 oben rechts. Ebenfalls führt der Taumel zu einer um mindestens $\Delta L_{p,1.fw,1,Tau.}$ = 0,74 dB (VB) und maximal $\Delta L_{p,1.fw,1,Tau.}$ = 1,92 dB (LB) höheren Anregung. Der Einfluss des Taumels weist erneut in der zweiten Drehordnung eine weiterhin indifferente jedoch andere Charakteristik auf. So verschieben sich die minimalen und maximalen Zunahmen hinsichtlich des Betriebszustandes und liegen nun in einem Bereich zwischen $\Delta L_{p,2.fw,1,Tau.}$ = -0,19 (SC) und 2,96 dB (MB).

Analog zur Messung in hinteren Fahrzeuginnenraum ist auch für den vorderen Bereich die höchste Zunahme für die periodische Teilungsabweichung festzustellen. Trotz der höheren Distanz zum Getriebe liegt die Zunahme noch bei mindestens $\Delta L_{p,5.fw,1,Teil.}$ = 6,14 dB (TL) und maximal $\Delta L_{p,5.fw,1,Teil.}$ = 10,09 dB (MB) für die fünfte Drehordnung, vgl. Bild 7-23 unten rechts. Auch für die Höherharmonische ist stets eine Zunahme zu verzeichnen, die zwischen $\Delta L_{p,10.fw,1,Teil.}$ = 2,23 (MB) und 3,97 dB (TL) liegt. Dies belegt die selbst für den Fahrer signifikant wahrnehmbare Geräuschabstrahlung des Getriebes.

Neben den objektiven Messungen ist die Geräuschemission der Getriebestufe zusätzlich subjektiv von entsprechend geschulten Fachleuten individuell bewertet worden. Nicht untersucht wurde in dem Fall die Fahrt bei mittlerer Beschleunigung. Die Werte repräsentieren den Gesamtbewertungsindex von BI1 bis BI10. Dabei beschreibt ein geringer Bewertungsindex ein lautes und auffälliges Störgeräusch, während ein hoher Wert ein ordnungsgemäßes Geräuschverhalten widerspiegelt.

Die Bewertung der untersuchten Varianten ist in **Tabelle 7-1** zusammengefasst. Um die Streuung infolge des Montageeinflusses und der subjektiven Bewertung zu ermitteln, wurde die Serienvariante nach der Durchführung des Versuchsplans erneut montiert und untersucht. Die Ergebnisse belegen eine hohe Reproduzierbarkeit der Bewertungsgrößen, vgl. Tabelle 7-1 Serie BMW I und Serie BMW II.

Tabelle 7-1: Subjektive Bewertung der Fahrzeugmessungen
Subjective Evaluation of the Vehicle Measurements

	Teillast	Leichte Beschleunigung	Volle Beschleunigung	Schub
Referenz	7,5	7	6,5	7,5
Serie BMW I	6,5	6,5	6	6
Exzentrizität	7	7	6,5	7
Taumel	6,5	7	6	6
Teilungsabw.	6	5,5	6	5,5
Serie BMW II	6,5	7	6	6

Der Vergleich der Referenzvariante mit der Serienvariante bestätigt zunächst die Körperschallanalyse der Fahrzeugmessung hinsichtlich der Zahneingriffsordnung, vgl. Bild 7-22. Demnach weist die Referenzvariante für jeden Lastzustand einen höheren Bewertungsindex als die Serienvariante auf und schneidet zudem im allgemeinen Vergleich hinsichtlich der Akustik am besten ab.

Während die Variante Exzentrizität im Luftschall selbst im vorderen Fahrzeuginnenraum einen höheren Pegel in der ersten Drehordnung aufgewiesen hat, vgl. Bild 7-23, und die Abweichung mit einer Exzentrizität von f_e = 100 µm als sehr hoch einzustufen ist, schneidet diese Variante im Vergleich zur Referenz nur geringfügig schlechter ab. Dies betrifft die Betriebszustände Teillast und Schub, während das Geräuschverhalten hinsichtlich der untersuchten Beschleunigungszustände gleich bewertet wurde.

Die Taumelvariante ist mit Ausnahme der leichten Beschleunigung identisch zur Serienvariante bewertet worden. Neben der reinen Vergabe der Punkte wurde das Getriebegeräusch dieser Variante zusätzlich als auffällig rau beschrieben.

Besonders markant ist die Bewertung der Variante mit der periodischen Teilungsabweichung. Diese erhielt für jeden Betriebszustand die niedrigste Punktzahl und ist somit im direkten Vergleich die akustisch auffälligste Variante.

Die subjektive Bewertung zeigt, dass eine rein objektive Charakterisierung des Geräuschverhaltens anhand von physikalisch gemessenen Größen nicht in jedem Fall ausreichend ist. Das Heranziehen von psychoakustischen Metriken im Bereich der Getriebetechnik ist in zukünftigen Arbeiten zu untersuchen, sodass eine subjektive Bewertung durch objektive Messgrößen besser nachempfunden werden kann.

Zusammengefasst bestätigen die Fahrzeuguntersuchungen die zuvor getroffenen Annahmen und belegen die Übertragbarkeit der Erkenntnisse aus den Radsatz- und Getriebeuntersuchungen. Der Einfluss der langwelligen Abweichungen auf den entsprechend langwelligen Geräuschanteil kann für alle Varianten nachgewiesen werden. Das auffällige Geräuschverhalten kann insbesondere für die Variante Teilungsabweichung in der subjektiven Bewertung am deutlichsten nachgewiesen werden.

7.5 Fazit

Conclusion

Das Ziel dieses Kapitels ist die Übertragung der zuvor bestimmten Effekte von kurz- und langwelligen Abweichungen auf das Anregungs- und Geräuschverhalten eines Seriengetriebes. Die zur Erzeugung der Abweichungen der Zahnräder erforderlichen Änderungen wurden einerseits an den Zentrierbohrungen der Ritzelwelle und andererseits in der anschließenden Hartfeinbearbeitung eingebracht.

Neben der Übertragbarkeit der Effekte auf den Verzahnungsfall wurden die Untersuchungen dazu genutzt, den Komplexitätsgrad des betrachteten Systems sukzessive zu steigern und dabei schrittweise die Erkenntnisse zu verifizieren. Initial wurden die Radsätze zunächst isoliert unter quasistatischen Bedingungen hinsichtlich des Drehfehlers und anschließend unter dynamischen Bedingungen im Hinblick auf den Körperschall experimentell untersucht.

Die Ergebnisse können einen Einfluss der Verschränkung auf die erste Zahneingriffsordnung verifizieren und unterstreichen darüber hinaus die bereits für die Prüfverzahnungen aus dem vorangegangenen Kapitel gewonnen Erkenntnisse, wonach sich die Exzentrizität und der Taumel vorwiegend auf die erste Drehordnung auswirken und entsprechend der Periodizität der Teilungsabweichung die korrespondierende Drehordnung verstärkt wird. Die modifizierten Ritzelwellen wurden anschließend in ein Seriengetriebe verbaut und auf dem Getriebeprüfstand hinsichtlich des Körperschalls untersucht. Abschließend erfolgte die Analyse derselben Varianten im Fahrzeug, bei denen sowohl der Körperschall am Getriebe als auch der Luftschall an zwei Stellen im Fahrzeuginnenraum gemessen und mit den vorherigen Erkenntnissen verglichen wurde.

Die Analyse zeigt, dass die Anregungsüberhöhungen aus der Quasistatik bzw. aus den Getriebeuntersuchungen in ähnlichem Ausmaß in den Fahrzeuginnenraum übertragen werden und somit, im Vergleich zur Referenzverzahnung, die Anregung infolge der langwelligen Abweichungen selbst von Fahrgästen wahrgenommen werden kann.

Der Einfluss der Abweichungen auf das Anregungsverhalten konnte durch eine subjektive Bewertung von speziell geschulten Fachleuten zum Teil deutlich bestätigt werden.

Die Untersuchungen in diesem Kapitel bestätigen die Erkenntnisse aus den vorangegangenen Kapiteln und beantworten zudem einen Teil der dritten Forschungsfrage. So belegen die Untersuchungen, dass eine Drehmomentunabhängigkeit in der ersten Drehordnung für den Fall der Exzentrizität und des Taumels sowie der zur Teilungsabweichung periodischen Drehordnung vorliegt. Zudem weist die Korrelation zwischen Exzentrizität und dem resultierenden Drehfehlerverlauf eine Unabhängigkeit zur Makrogeometrie auf. Diesen Zusammenhang gilt es, im weiteren Verlauf dieser Arbeit detaillierter theoretisch zu betrachten, um sinnvolle Toleranzgrenzen abzuleiten.

8 Ableitung von Toleranzgrenzen für langwellige Abweichungen

Derivation of Tolerance Limits for Long-Wave Deviations

Für die Bestimmung von funktionalen Toleranzgrenzen und somit die Beantwortung der vierten Forschungsfrage ist zunächst die Kenntnis des Zusammenhangs zwischen der Amplitude der jeweiligen Abweichung und dem resultierenden Anregungsverhalten erforderlich. Hierzu wird im Folgenden erst der offene Teil der dritten Forschungsfrage beantwortet und die notwendige Methode zur Beschreibung der Kontaktbedingungen in Kombination mit dem resultierenden Drehfehler beschrieben. Weiterhin wird das Zusammenwirken genormter langwelliger Abweichungen betrachtet. Basierend auf diesen Erkenntnissen werden anschließend anregungsgerechte Grenzwerte abgeleitet.

8.1 Methode zur Beschreibung der Kontaktbedingungen und des Anregungsverhaltens in Abhängigkeit von langwelligen Abweichungen

Method for the Description of Contact Conditions and Excitation Behavior as a Function of Long-Wave Deviations

In diesem Kapitel erfolgt zu Beginn die Betrachtung von bereits in der Norm unmittelbar tolerierten langwelligen Abweichungen. Demnach werden zunächst der Einfluss der Exzentrizität und der Teilungsabweichung sowie die Kreuzeinflüsse beider Abweichungen und auf den Zahnkontakt analysiert und dargelegt. Bei dem Taumel handelt es sich zwar gemäß der DIN 3960 um eine genormte Abweichung, jedoch existiert hierzu derzeit keine Grenzwertdefinition gemäß der IT-Klassifizierungen [DIN80, DIN87]. Aufgrund der komplizierten Eingriffsverhältnisse infolge eines Taumels wird dieser anschließend gesondert betrachtet. Das resultierende Anregungsverhalten auf Basis des Drehfehlers wird im Anschluss beschrieben. Das Ziel ist es, einen analytischen Zusammenhang zwischen der jeweiligen Abweichung und dem resultierenden langwelligen Anregungsverhalten abzuleiten.

Der Ansatz wird schrittweise entwickelt und abschließend für alle Abweichungen superponiert mit der Zahnkontaktanalyse ZAKO3D verifiziert. Für die Legitimation zur Nutzung dieser Zahnkontaktanalyse ist exemplarisch eine Validierung gemäß Bild 6-10 vorgenommen worden.

Die Gegenüberstellung der Ergebnisse der Zahnkontaktanalyse ZAKO3D mit denen der FE-STIRNRADKETTE sowie des Prüfstandes kann dem Anhang entnommen werden und belegt die exakte Vorhersage des Drehfehlers, vgl. **Bild 11-7**. Demnach bildet auch diese Simulationsmethode das Prüfstandsergebnis sowohl hinsichtlich des Ordnungsspektrums als auch der lastunabhängigen vierten Drehordnung präzise ab. Folglich kann die Zahnkontaktanalyse ZAKO3D für die Abbildbarkeit von langwelligen Abweichungen ebenfalls als validiert klassifiziert werden.

8.1.1 Exzentrizität

Eccentricity

Die Exzentrizität äußert sich in einem Messschrieb in Form einer einfach-periodischen Rundlaufabweichung. Der Betrag der Exzentrizität entspricht der halben Rundlaufabweichung, vgl. Kapitel 6.2 und 7.2. Jegliche Abweichungen zur idealen Evolvente bewirken das Nichteinhalten des Verzahnungsgesetzes. Diese Verletzung der Gesetzmäßigkeit hat eine Übersetzungsschwankung zur Folge, die durch den Drehfehler beschrieben wird. Zu beachten ist, dass der Drehfehler entlang der Eingriffsstrecke ausgewertet wird. Durch die außermittige Positionierung der Rotationsachse und der umlaufenden Radkörpermitte verschiebt sich der Berührpunkt gleichermaßen zyklisch, vgl. **Bild 8-1** links. Verschiebt sich der ideale Berührpunkt der im Kontakt befindlichen Radpaarung analog zur Exzentrizität infolge dieser Abweichung, so bewirkt nur der Anteil entlang der Eingriffsstrecke eine Übersetzungsschwankung. Das Maximum des Drehfehlerbetrages wird in dem Zustand erreicht, in dem die Verschiebung der umlaufenden Radkörpermitte parallel zur Eingriffsstrecke liegt und spiegelt sich somit in einer gleichen Amplitude der ersten Drehordnung wider.

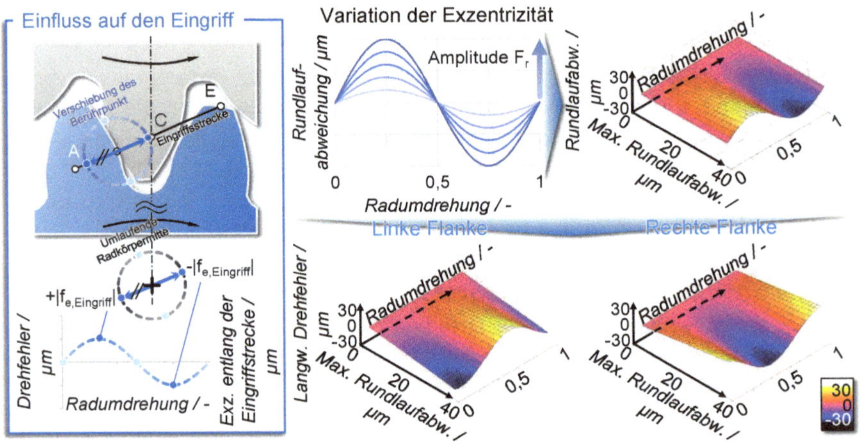

Bild 8-1: Anregungsverhalten infolge von Exzentrizitäten I
Excitation Behavior as a Result of Eccentricities I

Resultierend aus den Abweichungen entlang der Eingriffsstrecke kann analog zu dem von HOPPEN ermittelten und in der VDI/VDE 2608 beschriebenen Zusammenhang eine Gesetzmäßigkeit zwischen Rundlaufabweichung und dem Drehfehler abgeleitet werden [HOPP63, VDI01]. Hierzu ist in Bild 8-1 eine Variation der Exzentrizität hinsichtlich der Abweichungsamplitude f_e vorgenommen worden. Während im oberen Teil von Bild 8-1 der Verlauf der Rundlaufabweichung über eine Umdrehung des Rades abgebildet ist, wird im unteren Teil der resultierende Drehfehler in Abhängigkeit der belasteten Zahnflanke gezeigt. Bei dem Vergleich des Drehfehlerverlaufes für die linke und rechte Flankenseite ist zu erkennen, dass sich die Phasenlage des Maximums ändert. Dieser Zusammenhang ist exemplarisch in **Bild 8-2** unten aufgezeigt und unten als Ergebnis der Variation dargestellt.

Wird, anders als in der Arbeit von HOPPEN und in der VDI/VDE 2608, der Drehfehler auf den Grundkreisdurchmesser anstatt auf den Teilkreisdurchmesser bezogen ausgewertet, so entspricht der resultierende Drehfehler in seiner Amplitude genau der Rundlaufabweichung [HOPP63, VDI01]. Wird weiterhin im Vergleich zu den genannten Arbeiten auf ein globales Koordinatensystem verzichtet und der Drehfehler im Eingriff der Radpaarung auf das abweichungsbehaftete Zahnrad bezogen betrachtet, so erfolgt bei gleichbleibender Rotationsrichtung ein Vorauseilen des Drehfehlermaximums für den Fall der linken Flanke in Relation zum Verlauf der Rundlaufabweichung.

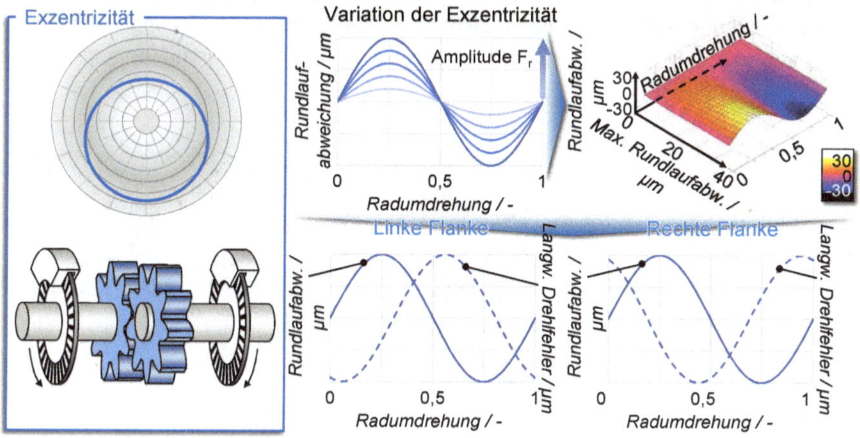

Bild 8-2: Anregungsverhalten infolge von Exzentrizitäten II
Excitation Behavior as a Result of Eccentricities II

Umgekehrt eilt für diese Betrachtung das Maximum des Drehfehlers für den Fall der rechten Flanke nach. Die Phasenlage zwischen Rundlaufabweichung (gem. **Gleichung (8-1)**) und resultierendem Drehfehler ist hierbei um $\Delta\varphi = 90°$ und dem Eingriffswinkel α_{wt} versetzt. Entsprechend dieser Untersuchung wird für den Fall der linken belasteten Flanke die Summe der Winkel subtrahiert (gem. **Gleichung (8-2)**), wohingegen im Fall der rechten Flanke diese aufaddiert wird (gem. **Gleichung (8-3)**).

$$F_r(\varphi) = f_e \cdot sin(\varphi) \quad \textbf{(8-1)}$$

$$DF_{1.f_w,Exz.,links}(\varphi) = f_e \cdot sin(\varphi - (90° + \alpha_{wt})) \quad \textbf{(8-2)}$$

$$DF_{1.f_w,Exz.,rechts}(\varphi) = f_e \cdot sin(\varphi + (90° + \alpha_{wt})) \quad \textbf{(8-3)}$$

Dieser Zusammenhang wird durch eine veränderte Mikrogeometrie nicht beeinflusst, liefert zudem eine Erklärung für die drehmoment- und geometrieunabhängige langwellige Anregung und gilt demnach für Windgetriebe gleichermaßen wie für Industrie- oder Pkw-Anwendungen.

8.1.2 Teilungsabweichung

Pitch Deviation

Die Teilungsabweichung bewirkt eine Veränderung der Eingriffsverhältnisse. Diese veränderlichen Eingriffsbedingungen können im Fall einer Schrägverzahnung, ähnlich wie im Fall des Taumels, ein Tragbildwandern verursachen, vgl. Kapitel 6.3.3.

Analog zur vorher betrachteten Exzentrizität wird ein ähnliches Vorgehen für die Untersuchung der Teilungsabweichung gewählt. Die durchgeführte Variation der Teilungsabweichung in **Bild 8-3** verdeutlicht, dass der Verlauf der Teilungs-Gesamtabweichung (oben links) negiert dem langwelligen Drehfehlerverlauf entspricht (unten links).

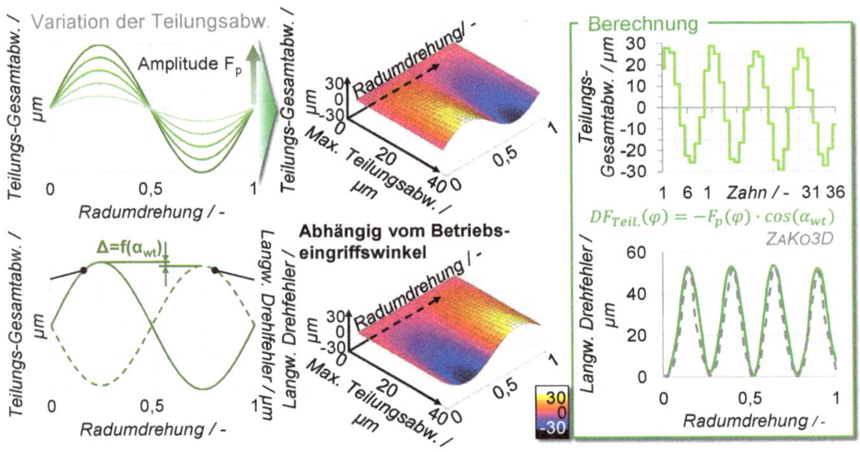

Bild 8-3: Drehfehlerverhalten infolge von Teilungsabweichungen

Excitation Behavior as a Result of Pitch Deviations

Eine detaillierte Betrachtung beider Verläufe zeigt, dass im Fall der Teilungsabweichung nicht, wie bei der Exzentrizität, die Phasenlage zwischen Abweichung und Drehfehler durch den Eingriffswinkel beeinflusst wird, sondern die Amplitude eine Abhängigkeit vom Betriebseingriffswinkel der Verzahnung aufweist, vgl. Bild 8-3 mittig und unten links und. Durch die Umrechnung der Teilungsabweichung entlang der Eingriffsstrecke kann der resultierende Drehfehler wie folgt berechnet werden (gem. **Gleichung (8-4)**):

$$DF_{Teil.}(\varphi) = -F_p(\varphi) \cdot cos(\alpha_{wt}) \quad \textbf{(8-4)}$$

Diese Gesetzmäßigkeit stellt eine Vereinfachung dar und gilt insbesondere für periodisch auftretende Abweichungen und für Verzahnungsfälle, bei denen durch die Überlagerung der Mikrogeometrie mit einer Teilungsabweichung die Gesamtüberdeckung lokal auf einen Wert von $\varepsilon_\gamma = 1$ abfällt. Durch Überdeckungseffekte kann eine geringere Anregung resultieren, sodass für alle weiteren Zahnradpaarungen der Zusammenhang als sehr gute Näherung und zur Abschätzung der oberen Drehfehlergrenze verwendet werden kann.

Für die Verifizierung dieses abgeleiteten Ansatzes wird die Verzahnung III aus Bild 4-1 herangezogen, die mit einem profilierenden Verfahren mit einer gezielt vierfachen Periodizität in der Teilungs-Gesamtabweichung gefertigt wurde, vgl. Bild 8-3 oben rechts. Für dieses gefertigte Rad ist die Teilungsabweichung aus der Verzahnungsmessung eingelesen und eine Umdrehung des Rades simulativ mithilfe der Zahnkontaktanalyse ZaKo3D abgebildet worden. Das Ergebnis deckt sich mit dem Ergebnis der FE-Stirnradkette aus Bild 6-10. Weiterhin ist die Teilungs-Gesamtabweichung nach Gleichung (8-4) in die Eingriffsstrecke umgerechnet und mit der Simulation verglichen worden, vgl. Bild 8-3 unten rechts. Der Abgleich zeigt, dass mittels des entwickelten analytischen Ansatzes der Drehfehler für periodische Teilungsabweichungen präzise vorhergesagt werden kann und für die Abbildbarkeit dieser Abweichung hinreichend verifiziert ist.

8.1.3 Kreuzeinflüsse von Exzentrizität und Teilungsabweichung

Cross Effects of Eccentricity and Pitch Deviation

Nachdem die analytische Berechnung des Drehfehlers in Abhängigkeit der isoliert auftretenden Exzentrizität bzw. Teilungsabweichungen validiert abgeleitet wurde, wird diese Erkenntnis für die Untersuchung gleichzeitig auftretender Abweichungen genutzt. Hierzu wird der Einfluss der Kombination unterschiedlicher Abweichungen auf den Drehfehler untersucht. Das Ziel dieser Betrachtung ist demnach die Analyse des Zusammenwirkens von verschiedenen langwelligen Abweichungen. Es werden die zuvor beschriebenen, genormten und tolerierten Abweichungen untersucht – die Rundlaufabweichung in Form von Exzentrizität und die Teilungsabweichung. Analysiert werden hierbei die Abweichungsarten unter Berücksichtigung der Ausprägung bzw. der Regelmäßigkeit über eine Umdrehung für den Verzahnungsfall III, vgl. Bild 4-1.

Eine Exzentrizität ist durch eine parallele Verschiebung der Rotationsachse gekennzeichnet und somit als periodische Achsabstandsänderung zu verstehen. Für die eindeutige Beschreibung der Abweichung sind im Wesentlichen die Phasenlage (Position des Zahns mit maximaler Abweichung) und der Betrag der Exzentrizität respektive die Amplitude der Rundlaufabweichung zu nennen, die die Anregungscharakteristik beeinflussen. Die Teilungsabweichung kann durch eine Periodizität und die zugehörige Amplitude (regelmäßig) oder durch eine beliebig auftretende Regelmäßigkeit mit variierenden Beträgen (unregelmäßig) beschrieben werden.

Bei der Überlagerung beider Abweichungen kann insbesondere der Phasenversatz der Abweichungen zueinander das Anregungsverhalten zum Positiven wie auch zum Negativen maßgeblich beeinflussen. Die sich ergebende Kombinatorik soll im Folgenden untersucht werden. Für ein grundlegendes Verständnis werden die beiden genannten Abweichungen zunächst isoliert betrachtet.

Treten beide Abweichungen an einem Bauteil auf, so können die Drehfehleranteile der einzelnen Abweichung aufsummiert werden. Im Folgenden wird die Überlagerung der Exzentrizität und einer Teilungsabweichung unter Variation der oben genannten Parameter (Phase, Amplitude und Regelmäßigkeit) mithilfe der in Kapitel 8.1.1 und 8.1.2 abgeleiteten analytischen Ansätze berechnet, vgl. **Bild 8-4**. Bei der Betrachtung wird sukzessive die Komplexität erhöht.

Periodische Teilungsabweichungen treten insbesondere bei wälzenden Feinbearbeitungsverfahren auf. Ein ungünstiges Verhältnis zwischen der Gangzahl der gewählten Schleifschnecke und der Zähnezahl des zu fertigenden Zahnrades kann eine (mehrfach-)periodische Teilungsabweichung zur Folge haben. [WECK01]

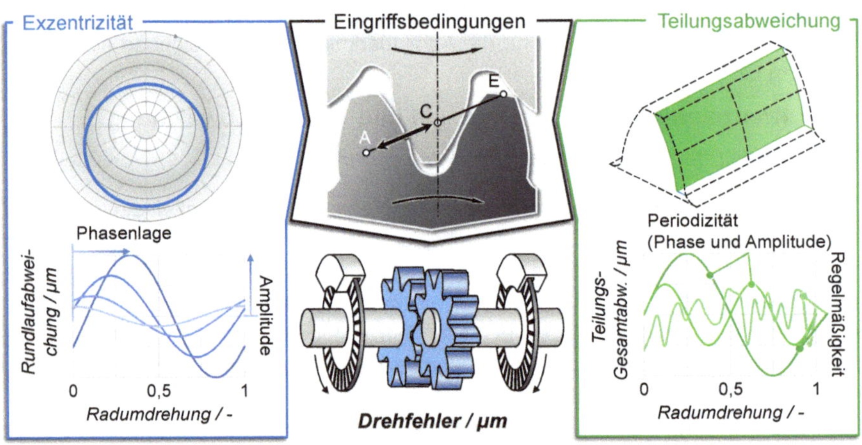

Bild 8-4: Anregungsverhalten infolge tolerierter langwelliger Abweichungen
Excitation Behavior as a Result of Tolerated Long-Wave Deviations

In **Bild 8-5** sind drei denkbare Kombinationen dargestellt. Im linken Fall sind die Drehfehleramplituden infolge der Abweichungen ebenso wie die Periodizität exakt gleich. Im mittleren Fall, weist der langwellige Drehfehler infolge einer Exzentrizität eine geringere Amplitude auf als der Drehfehler, der durch die Teilungsabweichung angeregt wird. Für den rechts dargestellte Fall wird die gleiche Drehfehleramplitude für beide Abweichungen angenommen und die Frequenz der Teilungsabweichung verdoppelt. Variiert wird in allen Fällen die relative Phasenlage der Drehfehlerverläufe zueinander durch eine Variation der Exzentrizitätslage.

Die in Bild 8-5 unten dargestellten dreidimensionalen Diagramme der verschiedenen Phasenlagen lassen im linken Fall erkennen, dass eine Auslöschung der Anregung bei gleicher Phasenlage und gleicher Drehfehleramplitude möglich ist. Demgegenüber kann die Anregung bei Zusammenfallen der Anregungsmaxima zu einer Verdoppelung der Anregung in der ersten Drehordnung führen.

Werden sich unterscheidende Drehfehleramplituden aufaddiert, so resultiert stets eine einfach-periodische Anregung, bei der die Anregungsamplitude von der Phasenlage abhängig ist, vgl. Bild 8-5 mittig. Die höchste Anregung resultiert aus dem Zusammenfallen der Anregungsmaxima und entspricht in dem Fall der Summation der jeweiligen Amplituden. Fällt das Minimum des einen Anregungsanteils mit dem Maximum des anderen zusammen, so resultiert die geringstmögliche Anregung und entspricht in ihrem Maximum der Differenz beider Amplituden.

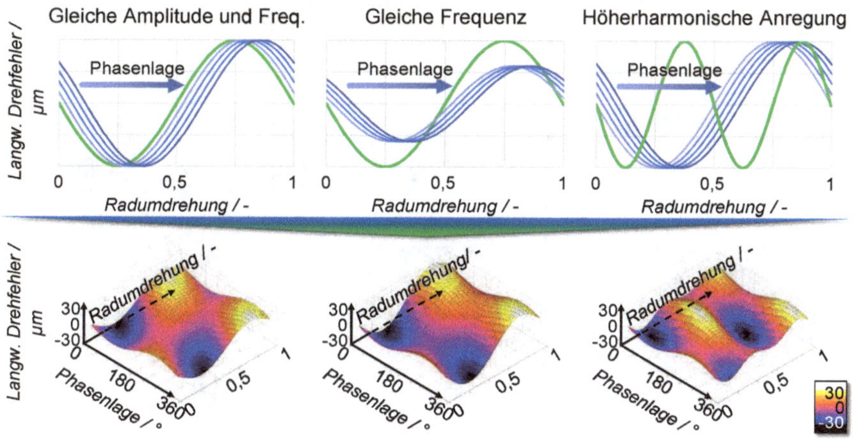

Bild 8-5: Analytische Überlagerung von periodisch langwelligen Abweichungen
Analytical Superposition of Periodic Long-Wave Deviations

Durch eine höherperiodische Teilungsabweichung resultiert zusammen mit einer Exzentrizität eine überlagerte Schwingungsanregung, die zwei lokale Maxima bzw. Minima aufweist. Eine vollständige Auslöschung der Anregung ist demnach nicht mehr möglich, vgl. Bild 8-5 rechts.

Bei profilierenden Fertigungsverfahren kann die Schwankung der Teilungseinzelabweichung eine stochastische Verteilung aufweisen, vgl. Bild 8-4 rechts, weshalb eine Auslöschung der betrachteten Abweichungen ebenfalls nicht mehr möglich ist. Dieser Fall ist in **Bild 8-6** betrachtet worden. Es wird die regellose Teilungsabweichung mit einer Exzentrizität unter Berücksichtigung verschiedener Phasenlagen summiert. Durch die Überlagerung der Mikrogeometrie mit nicht periodischen, stark schwankenden Teilungsabweichungen kann die Gesamtüberdeckung über eine Umdrehung lokal auf einen Wert von $\varepsilon_Y = 1$ abfallen. In dem Fall folgt der Drehfehlerverlauf dem der Teilungsabweichung.

Die betrachteten Fälle lassen darauf schließen, dass die Phasenlage eine Einhaltung von möglichen Grenzwerten maßgeblich beeinflussen kann und Phasenlagen identifiziert werden können, die sich positiv und wiederum andere, die sich negativ auf das Anregungsverhalten auswirken können. Um diesen Effekt näher zu beschreiben und die Relevanz aufzuzeigen, sind in Bild 8-6 unten zwei verschiedene Bereiche unterschiedlicher Phasenlagen abgebildet.

In dieser Darstellung wird unter der Vorgabe eines bestimmten Grenzwertes der entscheidende Einfluss der Phasenlage deutlich. Wird demnach derselbe Teilungsabweichungsverlauf mit phasenverschobenen Exzentrizitäten überlagert, so kann die Summation fallabhängig zu einer Grenzwertüberschreitung führen. Diese Analyse zeigt das Defizit der derzeitigen Tolerierung auf, die im Wesentlichen auf geometrischen Größen basiert und nicht auf der Funktionalität und demzufolge dem resultierenden Einsatzverhalten.

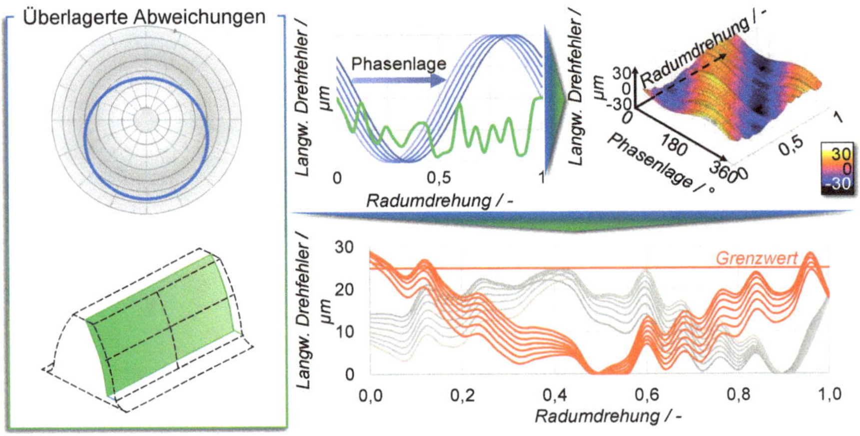

Bild 8-6: Analytische Überlagerung von periodisch und stochastisch langwelligen Abw.
Analytical Superposition of Periodic and Stochastic Long-Wave Deviations

Der Aspekt der überlagerten Anregungen, die für jeden einzelnen Zahn durch die Summe der Anregungen aus der Teilungs-Gesamtabweichung und der lokalen Außermittigkeit bestimmt wird, findet in der Toleranzvorgabe aktuell keine Anwendung. Die Untersuchungen zeigen, dass die Fertigungskontrollen basierend auf Grenzwertvorgaben hinsichtlich des maximal zulässigen Drehfehlers erfolgen muss.

8.1.4 Taumel

Wobble

Die Ermittlung des Zusammenhangs zwischen Taumelwinkel und Drehfehleranregung ist aufgrund der komplexen Eingriffsverhältnisse mithilfe der Zahnkontaktanalyse ZAKO3D tiefergehend zu analysieren. Die Drehordnungen stehen im Fokus der folgenden Untersuchungen und werden für verschiedene Verzahnungsfälle näher betrachtet. In **Bild 8-7** ist die Vorgehensweise gezeigt, die zur Analyse des Anregungsverhaltens infolge eines Taumels gewählt wird. Um die Einflussgrößen zu identifizieren und um einen möglichen Ansatz zur Beschreibung des resultierenden Drehfehlers abzuleiten, werden in diesem Kapitel neun Verzahnungen herangezogen, die in vier Kategorien eingeteilt werden können, vgl. Bild 8-7.

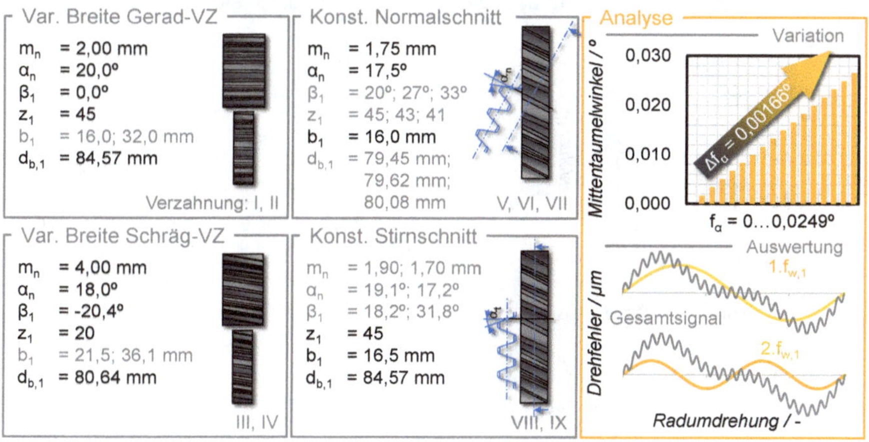

Bild 8-7: Ritzeldaten und Vorgehensweise zur Untersuchung des Drehfehlerverhaltens infolge eines Taumels

Pinion Data and Approach for the Investigation of the Transmission Error Behavior as a Result of a Wobble

Für die Untersuchung des Einflusses der Breite und des Schrägungswinkels wird sowohl eine Geradverzahnung als auch eine Schrägverzahnung in ihrer Breite variiert (Verzahnung (VZ) I - IV). Weiterhin werden drei Verzahnung mit einem identischen Normalschnitt (VZ V - VII) und zwei Verzahnungen mit einem identischen Stirnschnitt (VZ VIII und IX) betrachtet. Auf diese Weise werden jeweils bestimmte Verzahnungsgrößen konstant beibehalten, während andere variiert werden, um so Einflussparameter zu identifizieren. Für die Analyse wurde für jeden Verzahnungsfall ein ZAKO3D-Modell aufgebaut. Die Verzahnungen werden als ideale Radpaarungen untersucht, um den Mikrogeometrieeinfluss zunächst auszuklammern. Um den Berechnungsaufwand zu minimieren, wurde die Abweichung auf das jeweilige Ritzel aufgeprägt und eine

Umdrehung dessen lastfrei simulativ abgebildet. Für jeden Fall ist der Mittentaumelwinkel von $f_\alpha = 0 - 0{,}0249°$ in einer Schrittweite von $\Delta f_\alpha = 0{,}00166°$ variiert worden, um die Ordnung (linear, quadratisch etc.) der Abhängigkeit der Abweichungsgröße zum resultierenden Drehfehler bestimmen zu können. Der lastfreie Drehfehler wird zunächst hinsichtlich der Amplituden der ersten und zweiten Drehordnung (bezogen auf das Ritzel) untersucht. Die Verzahnungsdaten des Rades können dem Anhang entnommen werden, vgl. **Bild 11-8**.

Die Simulationsergebnisse zur beschriebenen Variation des Taumelwinkels (x-Achse) sind für den resultierenden Drehfehler (y-Achse) in **Bild 8-8** und **Bild 8-9** zusammengefasst. Die Auswertung ist jeweils hinsichtlich der Kategorisierung dargestellt. Während das jeweils linke Diagramm die Ergebnisse der ersten Drehordnung über den variierten Mittentaumelwinkel wiedergibt, sind in den rechten Diagrammen der Drehfehler der zweiten Drehordnung bezogen auf das Ritzel dargestellt.

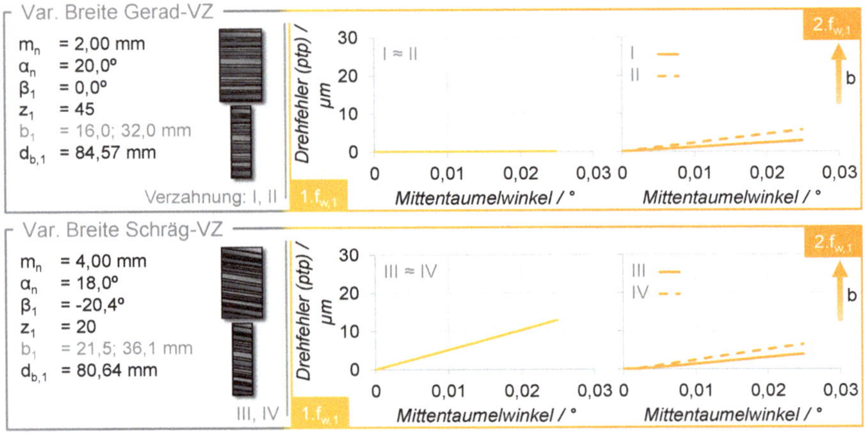

Bild 8-8: Simulierter Drehfehler der 1. und 2. Drehordnung in Abhängigkeit der Makrogeometrie I

Simulated Transmission Error of the 1st and 2nd Rotation Order as a Function of the Macro Geometry I

Die Variation der Breite für den Fall der Geradverzahnung zeigt unabhängig der Verzahnungsbreite keine Anregung in der ersten Drehordnung, wohingegen eine Erhöhung der Anregung für die zweite Drehordnung für beide Verzahnungen festzustellen ist, vgl. Bild 8-8 oben. Die Anregungserhöhung weist einen linearen Zusammenhang zum Mittentaumelwinkel auf. Werden die beiden Verzahnungsfälle verglichen, so ist zudem ein linearer Zusammenhang zwischen der Anregungsamplitude und der Verzahnungsbreite zu verzeichnen, sodass mit steigender Breite b der Drehfehler in der zweiten Drehordnung gleichermaßen ansteigt.

Bei der Betrachtung der Schrägverzahnung ist eine deutliche Anregungsüberhöhung in der ersten Drehordnung festzustellen, vgl. Bild 8-8 unten. Dies lässt darauf schließen, dass die erste Drehordnung maßgeblich durch den Schrägungswinkel β beeinflusst wird. Allerdings ist für diese Anregung keine Veränderung in Abhängigkeit der Verzahnungsbreite b zu verzeichnen. Analog zur Geradverzahnung ist für die zweiten Drehordnung eine Breitenabhängigkeit zu erkennen. Die breitere Schrägverzahnung weist im Vergleich zur weniger breiten Geradverzahnung eine höhere Anregung auf.

Die Verzahnungen V – VII sind durch einen gleichen Normalschnitt charakterisiert. Eine Änderung des Schrägungswinkels führt hierbei unter anderem zu einer entsprechenden Veränderung der Zähnezahl. Demgegenüber weisen die Verzahnungen VIII und IX einen konstanten Stirnschnitt auf, wodurch sich bei Änderung des Schrägungswinkels jegliche Größen im Normalschnitt verändern, wie beispielsweise der Modul m_n und der Normaleingriffswinkel α_n. Für beide Kategorien wird deutlich, dass der Schrägungswinkel β und der Grundkreisdurchmesser d_b einen wesentlichen Einfluss auf die Anregung der ersten Drehordnung aufweist, während die zweite Drehordnung bei ähnlichen Breiten nahezu unverändert bleibt, vgl. Bild 8-9.

Aus diesen Untersuchungen kann zusammengefasst werden, dass der Schrägungswinkel β bestimmend ist für die Anregungsamplitude der ersten Drehordnung. Werden alle Verzahnungen im Hinblick auf diese Drehfehlergröße verglichen, scheint der Grundkreisdurchmesser d_b der Verzahnung ebenfalls die Amplitude zu beeinflussen. Die zweite Drehordnung wird im Wesentlichen von der Verzahnungsbreite b bestimmt.

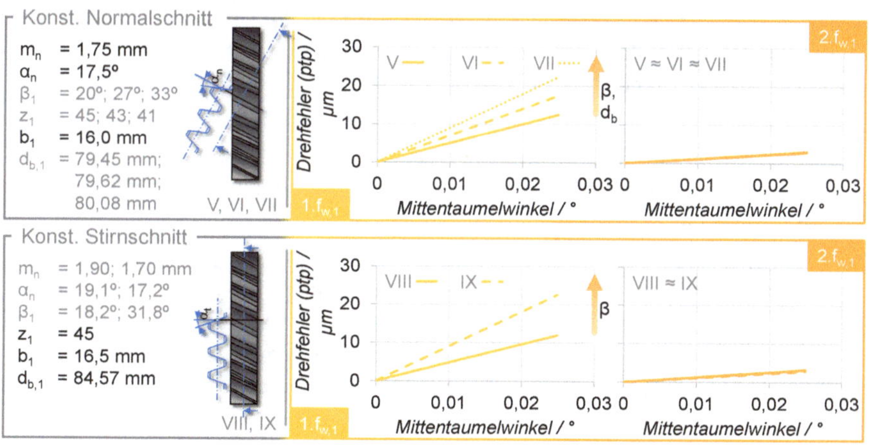

Bild 8-9: Simulierter Drehfehler der 1. und 2. Drehordnung in Abhängigkeit der Makrogeometrie II

Simulated Transmission Error of the 1st and 2nd Rotation Order as a Function of the Macro Geometry II

Weiterführende Untersuchungen zeigen, dass der Drehfehler der ersten Drehordnung weder ein signifikantes last- noch ein mikrogeometrieabhängiges Verhalten aufzeigt, vgl. Anhang **Bild 11-9**, **Bild 11-10**, **Bild 11-11** und **Bild 11-12** jeweils mittig. Die Untersuchungsergebnisse zeigen hingegen, dass die zweite Drehordnung eine lastabhängige und eine mikrogeometrieabhängige Charakteristik aufweist. So bewirkt eine Aufprägung einer Profil- und Flankenlinien-Balligkeit eine Veränderung von einem linearen zu einem quadratischen Zusammenhang zwischen der Drehfehleramplitude der zweiten Drehordnung und dem aufgeprägten Mittentaumelwinkel, vgl. Bild 11-9 und Bild 11-10 rechts. Weiterhin führen lastabhängige Verformungen zu einer Veränderung des lastabhängigen Drehfehlers dieser Drehordnung, vgl. Bild 11-11 und Bild 11-12 rechts.

Im Folgenden wird der Zeitverlauf betrachtet, um die Abhängigkeit der Verzahnungsparameter auf das resultierende Anregungsverhalten näher zu untersuchen. Da ein signifikanter Unterschied zwischen der Gerad- und der Schrägverzahnung zu verzeichnen ist, werden diese beiden Verzahnungsfälle herangezogen. Der Taumel kann für jede Wälzstellung durch eine Verlagerung des Zahnrades beschrieben werden, weshalb der Ansatz nach WITTKE für den Taumel angepasst untersucht wird [WITT94].

Dem Ansatz zufolge werden Abweichungen der Achsparallelität einer Stirnradverzahnung durch die Umrechnung einer Achsneigung und einer Achsschränkung in eine Flankenlinien-Winkelabweichung beschrieben. Die Achsneigung beschreibt die Abweichung einer Radachse von der Parallelität zu der anderen Radachse in der gemeinsamen Ebene beider Achsen. Die Achsschränkung bildet die Abweichung einer Radachse von der Parallelität zur anderen Radachse in der zur gemeinsamen Ebene senkrecht stehenden Ebene ab. Die Achsschränkung wirkt sich stärker als die Achsneigung auf den Eingriff aus. [WITT94]

Generell hat die Flankenlinien-Winkelabweichung einen starken Einfluss auf das Lauf- und Geräuschverhalten der Zahnräder. Im ungünstigen Fall können hierdurch Eintrittsstöße hervorgerufen werden, die insbesondere zu einer Anregungsüberhöhung führen können. [NIEM03]

Die jeweiligen Anteile nach dem Ansatz von WITTKE sind in **Bild 8-10** oben links dargestellt [WITT94]. Im Fall des Taumels werden die Verlagerungswinkel (φ_1 und φ_2) für beide Anteile durch den Mittentaumelwinkel f_α ersetzt. Während der Ansatz nach WITTKE eine statische Auslenkung der Verzahnung beschreibt, ist für den zu betrachtenden Fall zusätzlich eine Abhängigkeit der Wälzstellung bzw. des Rotationswinkels zu ergänzen. Dabei ist der Phasenversatz der beiden Anteile zu beachten. Über eine Umdrehung des Zahnrades erfolgt ein Übergang eines reinen Neigungsanteils hin zu einem reinen Schränkungseinfluss mit einem Versatz von $\Delta\varphi = 90°$. Da der Mittentaumelwinkel den Nulldurchgang in der Verzahnungsbreitenmitte aufweist, wird der entstehende Kontaktabstand über die Hälfte der Verzahnungsbreite berechnet.

Zu beachten ist weiterhin, dass der Betrag der überlagerten Flankenlinien-Winkelabweichung in den resultierenden Drehfehler einfließt. Zusammengefasst kann der Drehfehler aus der Neigung und Schränkung infolge eines Taumels nach **Gleichung (8-5)** berechnet werden.

$$DF_{Tau.,C_{H\beta}}(\varphi) = \left| \left[{}^{b}/_{2} \cdot tan(f_{\alpha}) \cdot sin(\alpha_{wt}) \right]_{C_{H\beta,Neig.}} \cdot sin(\varphi) + \left[{}^{b}/_{2} \cdot tan(f_{\alpha}) \cdot cos(\alpha_{wt}) \right]_{C_{H\beta,Schr.}} \cdot cos(\varphi) \right| \quad \text{(8-5)}$$

Dieser Ansatz ist in Bild 8-10 oben rechts für den Fall der Verzahnung I dem Ergebnis der Zahnkontaktanalyse für einen Mittentaumelwinkel von f_{α} = 0,0249° gegenübergestellt. Zu berücksichtigen ist, dass der hochfrequente Anteil des einzelnen Zahnkontaktes im Fall der Zahnkontaktanalyse im Verlauf des Drehfehlers enthalten ist, wohingegen der analytische Ansatz nur den langwelligen Anteil berücksichtigt. Der Vergleich belegt, dass dieser langwellige Anteil sehr präzise vorhergesagt werden kann. Eine weiterführende Analyse des Ordnungsspektrums zeigt, welche Frequenzanteile im Wesentlichen aus dem Schwankungsanteil der veränderlichen Flankenlinien-Winkelabweichung resultieren. Demnach werden maßgeblich die zweite Drehordnung und abgeschwächter die Höherharmonischen dieser Schwingung angeregt.

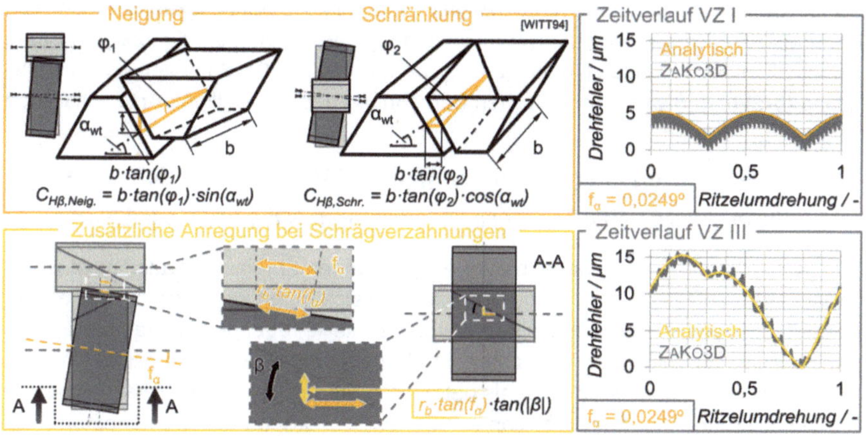

Bild 8-10: Simulierter und analytisch berechneter Drehfehler infolge eines Taumels

Simulated and Analytically Calculated Transmission Error as a Result of a Wobble

Wie oben beschrieben unterscheidet sich das Anregungsverhalten für eine Schrägverzahnung hinsichtlich der ersten Drehordnung. Charakteristisch für die untersuchten Verzahnungsfälle ist, dass die Phasenlage der entstandenen ersten Drehordnung im Fall einer Schrägverzahnung mit dem Neigungsanteil zusammenfällt. Bei genauerer

Betrachtung ist diese Anregung auf die entstandene Kontaktabweichung in der Breitenmitte zurückzuführen. Demnach bewirkt die Verkippung des Zahnrades zunächst eine Verschiebung der Verzahnungsbreitenmitte, die mithilfe des Mittentaumelwinkels f_α errechnet werden kann, vgl. Bild 8-10 unten links.

Im Fall einer Geradverzahnung hat diese Verschiebung keinen wesentlichen Einfluss, wohingegen im Fall einer Schrägverzahnung durch die Verkippung ein Kontaktabstand in der ursprünglichen Breitenmitte entsteht. Dieser Kontaktabstand kann in Abhängigkeit des Schrägungswinkels β berechnet werden. Statt einer Umrechnung über den Teilkreisdurchmesser d und einer anschließenden Transformation in die Eingriffsstrecke kann für eine gute Annäherung der Grundkreisdurchmesser d_b herangezogen werden (gem. **Gleichung (8-6)**):

$$DF_{1.f_w,Tau.}(\varphi) = {}^{d_b}/_2 \cdot tan(|\beta|) \cdot tan(f_\alpha) \cdot sin(\varphi) \qquad \textbf{(8-6)}$$

Auf dieser Grundlage ist in Bild 8-10 unten rechts der aus der Summe der Gleichungen (8-5) und (8-6) analytisch berechnete Drehfehlerverlauf gemeinsam mit dem aus der Zahnkontaktanalyse dargestellt. Unter Berücksichtigung des Schrägungswinkeleinflusses ist auch in dem Fall eine gleiche Charakteristik des langwelligen Anteils mit der Zahnkontaktanalyse zu erkennen. Weiterführende Berechnungen der ersten Drehordnung für die übrigen Verzahnungsfälle zeigen entsprechend des quadratischen Bestimmtheitsmaßes unter Anwendung des Korrelationskoeffizienten nach PEARSON $R^2 = 1$ eine sehr gute Übereinstimmung mit den in Bild 8-8 gezeigten Ergebnissen [PEAR95]. Dadurch kann belegt werden, dass die Summierung von Gleichung (8-5) und (8-6) zur analytischen Berechnung des langwelligen Anteils herangezogen werden kann.

8.1.5 Überlagerung aller Abweichungen und Verifizierung des Ansatzes

Superimposing of all Deviations and Verification of the Analytical Approach

Für gewöhnlich treten die betrachteten Abweichungen an einem Bauteil nicht isoliert voneinander auf. Bei der Überlagerung aller Abweichungen kann, wie in Kapitel 8.1.3 gezeigt, eine positive oder negative Interferenz das Anregungsverhalten maßgeblich beeinflussen. Im Folgenden wird daher die Überlagerung einer Exzentrizität, einer Teilungsabweichung und eines Taumels betrachtet. Hierbei geht es im Wesentlichen um die Verifizierung einer Superposition der simulativ und analytisch berechneten Drehfehleranteile der jeweiligen Abweichung.

Zur Berücksichtigung der Praxisrelevanz wird diese Untersuchung an der Serienverzahnung aus Kapitel 7 durchgeführt. Für die Untersuchungen ist die Radpaarung ohne (Serien-)Modifikationen modelliert und das lastfreie Drehfehlersignal zwischen Simulation und analytischem Ansatz verglichen worden, vgl. **Bild 8-11**.

Zunächst ist eine Exzentrizität von f_e = 5 µm vorgegeben worden, die mit einer periodischen Teilungs-Gesamtabweichung von F_p = 20 µm und einem Mittentaumelwinkel von f_α = 0,0249° überlagert wurde. Der Taumelwinkel entspricht einer periodischen

Flankenlinien-Winkelabweichung von etwa $|C_{H\beta}| < 5$ µm. Die Amplitude der ersten Drehordnung resultierend aus der Verkippung des Radkörpers und dem Schrägungswinkel ist ebenfalls im Diagramm eingetragen. Demnach zeigen die linken drei Diagramme die im Wesentlichen zu messenden Abweichungen und das rechte Diagramm die Gegenüberstellung zwischen der analytischen Vorhersage des Anregungsverhaltens und dem mit ZAKO3D berechneten Drehfehler.

Auch für diesen seriennahen Verzahnungsfall stimmt die superponierte, in dieser Arbeit entwickelte analytische Umrechnung der jeweiligen Abweichungen mit dem Ergebnis der Zahnkontaktanalyse sehr gut überein. Damit kann belegt werden, dass sich selbst bei einer hohen Gesamtüberdeckung von $\varepsilon_\gamma = 3{,}57$ alle Abweichungen analytisch beschreiben und insbesondere periodische Teilungsabweichungen hinreichend genau abbilden lassen.

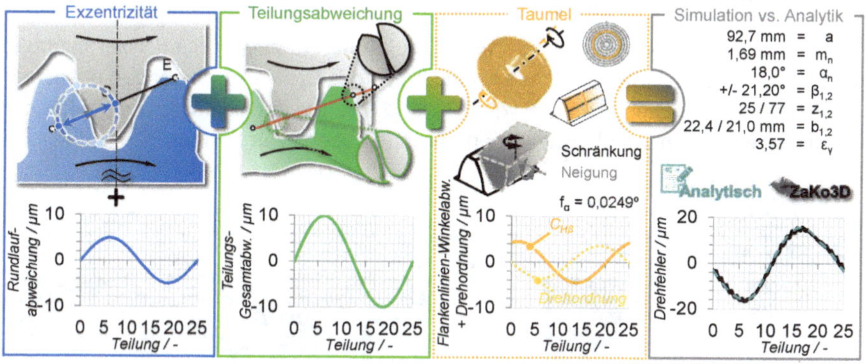

Bild 8-11: Drehfehlerverhalten infolge superponierter Abweichungen und Verifizierung des entwickelten analytischen Berechnungsansatzes

Transmission Error Behavior as a Result of Superimposed Deviations and Verification of the Developed Analytical Approach

Mithilfe des Berechnungsansatzes und basierend auf gemessenen Abweichungen kann somit das langwellige Anregungsverhalten vorhergesagt und mit ggf. werksinternen Grenzwerten abgeglichen werden. Auf diese Weise kann ein gefertigtes Bauteil basierend auf Verzahnungsmessungen als Ausschuss oder Gutteil deklariert werden.

8.2 Ableitung und Definition von funktionalen Abweichungsgrenzwerten

Derivation and Definition of Functional Deviation Limits

Nach der Verifikation des analytisch berechenbaren Anregungsverhaltens sollen genau diese Ansätze dazu genutzt werden, anregungsgerechte Toleranzklassen für die jeweiligen Abweichungen zu definieren. Dazu sind die Verzahnungs- und Abweichungsgrößen variiert worden und das resultierende Anregungsverhalten für alle Varianten bzgl. des Drehfehlers aufgetragen worden. Im Folgenden werden die Exzentrizität, die Teilungsabweichung und der Taumel betrachtet.

Wie bereits die Variation in Kapitel 8.1.1 zeigt, hat eine Exzentrizität des Zahnrades eine dem Betrag der Außermittigkeit entsprechende Anregungsamplitude im Drehfehler über eine Umdrehung zur Folge. Da die Anregung keine Abhängigkeit von der Makrogeometrie aufzeigt, ist eine anregungsgerechte Klassifizierung dieser Größe einzig auf die Außermittigkeit bzw. der Exzentrizität f_e bezogen vorzunehmen. Wird also bspw. ein äquidistanter Peak-to-Peak-Wert von $\Delta DF_{(ptp)}$ = 5 µm des Drehfehlers für die Klassifizierung vorgegeben, so entsprechen die gleichen Werte der maximal zulässigen periodischen Rundlaufabweichung F_r, respektive dem doppelten Wert der Außermittigkeit f_e (gem. **Gleichung (8-7)**):

$$DF_{1.f_w,ptp,Exz.} = 2 \cdot f_e = F_r \qquad \textbf{(8-7)}$$

Bezogen auf die Bewertung der Fertigungsgüte und der zugehörigen Toleranzgröße wird die maximal auftretende Schwankungsbreite des Drehfehlers über den Grenzwert der Rundlaufabweichung limitiert, vgl. **Bild 8-12**. Die Exzentrizitätsgrenzwerte können beispielsweise auch auf die Radkörperbohrungen übertragen werden.

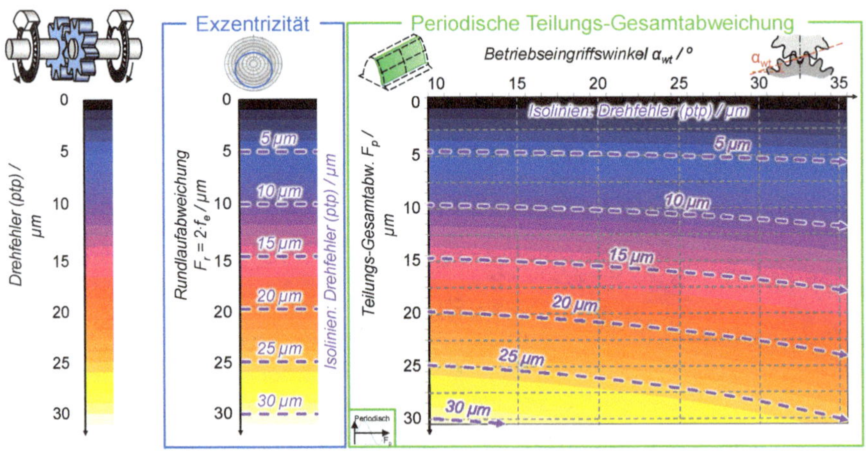

Bild 8-12: Klassifizierung von Abweichungsgrenzen für die Exzentrizität und die Teilungsabweichung gemäß den Gleichungen (8-7) und (8-8)

Classification of Deviation Limits for the Eccentricity and the Pitch Deviation according to Equations (8-7) and (8-8)

Dieses Vorgehen wird im Fall der Teilungsabweichung um die Abhängigkeit des Betriebseingriffswinkels α_{wt} erweitert, wie Gleichung (8-4) zu entnehmen ist. Wird in dieser Formel eine Variation des Betriebseingriffswinkels α_{wt} und die periodische Teilungs-Gesamtabweichung F_p vorgenommen, ergibt sich ein Anregungskennfeld wie in Bild 8-12 rechts abgebildet. Analog zur Exzentrizität sind auch in diesem Diagramm die Isolinien des Peak-to-Peak-Drehfehlerwertes eingetragen. Somit können für den spezifischen Fall der Betriebseingriffswinkel α_{wt} zum zulässigen Drehfehler gelotet und die maximal zulässige Teilungs-Gesamtabweichung F_p als maximale Fertigungsabweichung definiert werden.

Für unstetige Teilungs-Gesamtabweichungen ist die aus der Abweichung entstehende Überdeckung zu berücksichtigen. So kann bei einer hohen Überdeckung ein zu großer Sprung in der Teilungsabweichung dazu führen, dass der zugehörige Zahn nicht in Kontakt kommt und dementsprechend die Teilungsabweichung nicht ohne weiteres in einen Drehfehler umgerechnet werden kann. Fällt hingegen die Überdeckung auf einen Wert von $\varepsilon_\gamma = 1$, so kommt die Teilungsabweichung voll zum Tragen. Zur Grenzwertdefinition kann für diesen Fall die Gleichung (8-4) ebenfalls herangezogen und für die Bestimmung der maximal zulässigen Teilungs-Gesamtabweichung $F_{p,zul.}$ unter Vorgabe des zulässigen Drehfehlers $DF_{Teil.,zul.}$ und des Betriebseingriffswinkels α_{wt} gemäß **Gleichung (8-8)** genutzt werden.

$$DF_{Teil.,zul.} = F_{p,zul.} \cdot cos(\alpha_{wt})$$
$$\Leftrightarrow F_{p,zul.} = {DF_{Teil.,zul.}}/{cos(\alpha_{wt})} \tag{8-8}$$

Unter Berücksichtigung der genannten Bedingungen können auf diese Weise auch höherperiodische oder unregelmäßige Abweichungen berechnet und in ihrem Verlauf über den Umfang für die Einhaltung eines Grenzwertes limitiert werden.

Als letzte Abweichung wird der Taumel betrachtet. Die Untersuchungen in Kapitel 8.1.4 haben gezeigt, dass der Grundkreisdurchmesser d_b, der Schrägungswinkel β und der Mittentaumelwinkel f_α die Anregungsamplitude der ersten Drehordnung bestimmen. Der Zusammenhang ist in Gleichung (8-6) beschrieben und in **Bild 8-13** dargestellt. Aus dem Zusammenhang kann der Peak-to-Peak-Wert der ersten Drehordnung der **Gleichung (8-9)** folgend bestimmt werden.

$$DF_{1.f_w,ptp,Tau.} = d_b \cdot tan(|\beta|) \cdot tan(f_\alpha) \tag{8-9}$$

Um ein ähnliches Vorgehen wie in Bild 8-12 zu wählen und eine Grenzwertbestimmung anhand der Isolinien vornehmen zu können, ist in Bild 8-13 links ein durchmesserbezogenes Kennfeld erstellt worden.

Auf der horizontalen Achse ist der Schrägungswinkel β aufgetragen und auf der vertikalen Achse der Mittentaumelwinkel f_α. Die Werte der Isolinien können je Verzahnungsfall mit dem Grundkreisdurchmesser d_b multipliziert werden, um den entsprechenden Drehfehler zu ermitteln. Gegebenenfalls können die Isolinien für die Grenzwertbestimmung angepasst werden. Die erste durchmesserbezogene Isolinie im Diagramm entspricht in Anlehnung an ein Antriebsritzel eines Elektrofahrzeuges für einen Grundkreisdurchmesser d_b = 40 mm wie zuvor $DF_{(ptp)}$ = 5 µm. Jede weitere Linie entspricht einer äquidistanten Anregungsänderung von $\Delta DF_{(ptp)}$ = 5 µm.

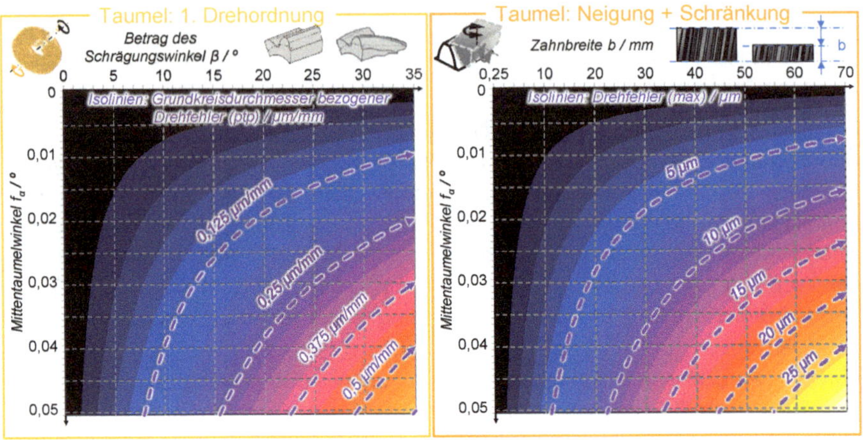

Bild 8-13: Klassifizierung von Abweichungsgrenzen für die Abweichung Taumel gemäß den Gleichungen (8-9) und (8-12)

Classification of Deviation Limits for the Deviation Wobble according to Equations (8-9) and (8-12)

Der Taumel wirkt sich weiterhin für alle Verzahnungen auf die zweite Drehordnung und geringfügig auf die höherharmonischen Schwingungen aus. Dies ist auf den doppelt-parabelförmigen Verlauf des Drehfehlers infolge der Superposition der Neigung und der Schränkung zurückzuführen, vgl. Bild 8-10 oben rechts. Für eine Grenzwertdefinition wird hierzu die Gleichung (8-5) genutzt und der resultierende maximale Drehfehler durch die Bestimmung des Extremwertes ermittelt. Demzufolge wird die erste Ableitung der Gleichung (8-5) gemäß **Gleichung (8-10)** zu Null gesetzt.

$$DF_{Tau.,C_{H\beta}}{}'(\varphi) = \left| \left[{}^{b}/_{2} \cdot tan(f_\alpha) \cdot sin(\alpha_{wt})\right]_{C_{H\beta,Neig.}} \cdot cos(\varphi) - \left[{}^{b}/_{2} \cdot tan(f_\alpha) \cdot cos(\alpha_{wt})\right]_{C_{H\beta,Schr.}} \cdot sin(\varphi) \right| = 0 \tag{8-10}$$

Wird die Gleichung nach dem Rotationswinkel φ umgestellt, ergibt sich nach **Gleichung (8-11)**:

$$\varphi = \alpha_{wt} \tag{8-11}$$

Wird das Ergebnis in Gleichung (8-5) eingesetzt, so ergibt sich der maximale Drehfehler infolge der Schwankung der Flankenlinien-Winkelabweichung durch den Taumel gemäß **Gleichung (8-12)**.

$$DF_{Tau.,C_{H\beta},max} = {}^{b}/_{2} \cdot tan(f_\alpha) \tag{8-12}$$

Dieser ist demnach hinsichtlich der Makrogeometrie lediglich von der Verzahnungsbreite b abhängig. Somit ist in Bild 8-13 rechts die Zahnbreite b über den Mittentaumelwinkel f_α aufgetragen und analog zu Bild 8-12 das resultierende Anregungsverhalten entlang der farblich abgestuften z-Achse abzulesen.

Neben der beschriebenen Klassifizierung besteht zudem die Möglichkeit, durch die Superposition und unter Berücksichtigung des Phasenbezugs der jeweiligen Gleichungen zueinander den Drehfehlerverlauf über eine Umdrehung zu berechnen. Auf diese Weise können über die isolierte Betrachtung hinaus kritische Überlagerungen der Abweichungen im Gesamtsignal der Anregung für eine Grenzwertüberschreitung genutzt werden.

Zusammengefasst können aus den in Bild 8-12 und Bild 8-13 gezeigten Kennfeldern Abweichungsgrenzwerte abgelesen werden, die für die Erreichung einer definierten Anregung bei einer gegebenen Verzahnungsgeometrie eingehalten werden müssen. Umgekehrt besteht auch die Möglichkeit, bei Auftreten einer Abweichung für den spezifischen Verzahnungsfall das resultierende Anregungsverhalten zu bestimmen. Diese Erkenntnisse können im Auslegungsprozess mit wenigen Vorkenntnissen und Erfahrungen bei der Definition von Montage- und Fertigungsabweichungen unterstützen und effektiv Zeit einsparen.

8.3 Fazit

Conclusion

Ein in dieser Arbeit behandeltes Defizit liegt in den nicht vorhandenen, anregungsgerechten Toleranzklassen von langwelligen Abweichungen, welche stattdessen lediglich auf geometrischen Verzahnungsparametern basieren. Um dem Defizit zu begegnen, ist in diesem Kapitel zunächst ein tiefergehendes Verständnis der Kontaktbedingungen infolge der Abweichungen aufgebaut worden, sodass eine Berechnung des Anregungsverhaltens ermöglicht wird. Dementsprechend sind die Wirkzusammenhänge zwischen den Abweichungsarten und den resultierenden Drehfehlerbeträgen ermittelt worden. Hierzu wurden zunächst die Änderungen der Kontaktverhältnisse für jede Abweichung betrachtet und eine analytische Beschreibung dieser Abstände entlang der Eingriffsstrecke abgeleitet und die dritte Forschungsfrage abschließend beantwortet. Diese Erkenntnis ermöglicht es, das im wesentlichen lastunabhängige langwellige Drehfehlerverhalten in Abhängigkeit von makrogeometrischen Parametern zu berechnen, welches mithilfe der Zahnkontaktanalyse ZAKO3D verifiziert wurde. Betrachtet wurden die Kontaktbedingungen für eine Exzentrizität, eine Teilungsabweichung und einen Taumel.

Eine funktionsgerechte Bewertung, welche die gezeigten Einflüsse der langwelligen Anregung berücksichtigt, wird in der bestehenden Normung, insbesondere bezogen auf die Anregungscharakteristik, nicht berücksichtigt. Die abgeleiteten Grenzwerte basieren auf den ermittelten geometrischen Zusammenhängen und der maximal zulässigen Drehfehlerschwankung und somit auf dem resultierenden Anregungsverhalten.

Auf diese Weise kann die vierte und letzte Forschungsfrage beantwortet werden. Die Erkenntnisse basieren auf verifizierten Wirkzusammenhängen und können im Auslegungsprozess hinzugezogen werden, um Fertigungsabweichungen funktionsgerecht zu tolerieren.

9 Zusammenfassung und Ausblick

Weicht der Zahnkontakt von dem ideal-evolventischen Kontakt ab, führt dies zu einer Drehungleichförmigkeit zwischen An- und Abtrieb. Abhängig von der Ursache können die Anregungsfrequenzen entweder auf den Einzelzahnkontakt (kurzwellige Anregung) oder auf die Gesamtheit aller Zähne bzw. auf Effekte einer kompletten Überrollung (langwellige Anregung) zurückgeführt werden. Unter Berücksichtigung der subjektiven Wahrnehmung und der Anregung infolge der Verzahnung fallen diese Anregungsfrequenzen bei schnelllaufenden Getrieben, die vermehrt in Elektrofahrzeugen eingesetzt werden, in den sensitiven Frequenzbereich des menschlichen Gehörs. Die Defizite aus dem Stand der Technik adressieren mit vier Forschungsfragen beide Anregungsanteile. Für die Untersuchungen ist in Kapitel 4 eine Prüfmethodik als Grundlage für die Beantwortung der Forschungsfragen festgelegt worden.

Kapitel 5 befasst sich mit der ersten Forschungsfrage und demnach mit dem Nachweis der funktionalen Potenziale der Verschränkung. Für diese Betrachtung wird ein Radsatz aus der industriellen Praxis herangezogen und die Serienmodifikation um eine gezielte Verschränkung als Variationsparameter zur Optimierung des Anregungsverhaltens erweitert. In den Anregungsuntersuchungen kann zunächst gezeigt werden, dass eine vergleichbare Kontaktgeometrie zu einem ebenso vergleichbaren Drehfehlerverlauf führt. Weiterhin belegen die vorgestellten Untersuchungen, dass das drehmomentabhängige Anregungsverhalten durch eine Variation der Verschränkung gezielt verschoben werden kann und somit der eindeutige Einfluss der Verschränkung feststeht. Darüber hinaus kann das mithilfe der FE-STIRNRADKETTE berechnete Einsatzverhalten mit einer hohen Berechnungsgüte validiert werden. Damit steht in der Auslegung von Stirnradverzahnungen ein validiertes Werkzeug zur Verfügung, mit dem über die Standardkorrekturen hinaus auch die Verschränkung gezielt ausgelegt werden kann, um das Anregungsverhalten zu optimieren.

Kapitel 6 dient der Beantwortung der zweiten Forschungsfrage und thematisiert demnach die Auswirkungen von langwelligen Abweichungen auf die Eingriffsbedingungen und die Akustik der Verzahnung. Für diese Untersuchungen wurden Exzentrizitäten, Taumel- und Teilungsabweichungen gezielt in die Verzahnung eingebracht. Die quasistatischen Drehfehleruntersuchungen mit den abweichungsbehafteten Verzahnungen belegen, dass die Exzentrizität und der Taumel eine besonders dominante Anregung in der ersten Drehordnung und der Taumel zusätzlich eine leichte Tendenz einer Anregungsüberhöhung in der zweiten Drehordnung aufweisen. Zudem wird nachgewiesen, dass eine periodische Teilungsabweichung die Anregung der entsprechend periodischen Drehordnung verstärkt. Die charakteristischen Drehordnungen zeigen sowohl in der experimentellen als auch in den simulativen Untersuchungen ein überwiegend lastunabhängiges Anregungsverhalten auf. Die Übertragbarkeit der Anregungseffekte in der ersten Drehordnung für den Fall der Exzentrizität und des Taumels bei höheren Drehzahlen schließt das Kapitel ab.

In den Kapiteln 7 und 8 werden die letzten beiden Forschungsfragen beantwortet. Demnach wurden zum einen die gewonnenen Erkenntnisse auf ein Fahrzeuggetriebe übertragen. Von quasistatischen Drehfehlermessungen bis hin zu Luftschallmessungen im Fahrzeug können die zuvor ermittelten Zusammenhänge validiert und verifiziert werden. Zum anderen wird ein tiefergehendes Verständnis der Kontaktbedingungen infolge der Abweichungen aufgebaut und darauf basierend analytische Zusammenhänge abgeleitet, anhand derer die Kontaktabstände bzw. der Drehfehler unmittelbar bestimmt werden können. Die mithilfe der Zahnkontaktanalyse ZAKO3D verifizierten Zusammenhänge können abschließend genutzt werden, um funktionale Kenngrößen zur anregungsgerechten Tolerierung langwelliger Abweichungen abzuleiten.

Die in dieser Arbeit adressierten langwelligen Abweichungen können verschiedene Ursachen aufweisen und aus der Superposition von Fertigungs- und Montageabweichungen der gesamten Getriebebaugruppe und den jeweiligen Betriebspunkten resultieren. Demnach summieren sich alle Einzelabweichungen der jeweiligen Komponenten unter Berücksichtigung der Wirkkette und des Montageeinflusses zu der Gesamtabweichung im Zahnkontakt auf. Die absolute Lagetoleranz der Welle, auf der sich das Zahnrad befindet, ist beispielsweise abhängig von den Fertigungstoleranzen der Lager als auch der Lagersitze im Gehäuse. Folglich führen die Toleranzketten und Betriebsbedingungen zu einer summierten Abweichung der absoluten Position des Zahnrades im Getriebe. Die Erkenntnisse dieser Arbeit können zukünftig für eine Betrachtung des Gesamtsystems genutzt werden, sodass die zugrundeliegende Vorgehensweise auf die Ableitung von Gesamttoleranzketten ausgeweitet werden kann.

Neben der Betrachtung der geometrischen Abweichungen ist die Wirkung des Geräuschverhalten des Gesamtsystems auf das menschliche Gehör tiefgehender zu analysieren. Die in dieser Arbeit durchgeführten Fahrzeugmessungen wiesen vereinzelt Differenzen zwischen den physikalisch erfassten objektiven Messgrößen und der subjektiven Empfindung des Geräusches auf. Diese Diskrepanz zwischen Messung und Empfindung ist auf die psychoakustische Wirkung des Geräusches, resultierend aus physiologischen und psychologischen Effekten, zurückzuführen. Zwar existieren bewährte Kenngrößen, welche die Charakteristik des Geräusches psychoakustisch klassifizieren, jedoch fehlt es an Methoden zur Zusammenführung dieser Kenngrößen und zur Bewertung des Geräusches für den Anwendungsfall Getriebe. So sind derzeit im End-of-Line zur Freigabe des akustischen Verhaltens des Getriebes stets geschulte Fachleute notwendig. Die Entwicklung einer Metrik zur subjektiven Bewertung des Getriebegeräusches kann anhand von objektiven Messgrößen die aufwendigen Messvorgänge reduzieren sowie akustische Auffälligkeiten im Feld minimieren. Langfristig ist die in dieser Arbeit entwickelte funktionale Bewertung von Abweichungen auf die psychoakustische Wirkung zu erweitern. Demnach gilt es Toleranzen nicht nur in Abhängigkeit der resultierenden physikalischen, sondern darüber hinaus auf Basis der subjektiv empfundenen Wirkung abzuleiten.

9 Summary and Outlook

If the tooth contact deviates from the ideal involute contact, this leads to a rotational irregularity between input and output. Depending on the cause, the excitation frequencies can be attributed either to the individual tooth contact (short-wave excitation) or to the totality of all teeth (long-wave excitation). Taking into account the subjective perception and the excitation due to the meshing, these excitation frequencies fall within the sensitive frequency range of the human hearing in the case of high-speed gearboxes, which are increasingly being used in electric vehicles. The deficits from the state of the art address both excitation components with four research questions. A testing methodology has been established for the research in chapter 4 as a basis for answering these research questions.

Chapter 5 addresses the first research question and demonstrates the functional potential of flank twists. For this consideration, a gear set from industrial practice is used and the series modification is extended by a specific flank twist as a variation parameter for the optimization of the excitation behavior. In the excitation investigations, it can first be shown that a comparable contact geometry leads to an equally comparable transmission error curve. Furthermore, the presented investigations verify that the torque-dependent excitation behavior can be systematically shifted by a variation of the flank twist and thus the clear influence of the flank twist is established. Furthermore, the application behavior calculated with the use of the FE-STIRNRADKETTE can be validated by a high degree of accuracy. Thus, a validated tool is available for the design of cylindrical gears with which the flank twist can be specifically designed in addition to the standard corrections in order to optimize the excitation behavior.

Chapter 6 serves to answer the second research question and thus addresses the effects of long-wave deviations on the meshing conditions and the acoustics of the gears. For these investigations, eccentricities, wobble and pitch deviations are specifically implemented in the gears. The quasi-static transmission error investigations with the deviation-affected gears prove that the eccentricity and the wobble show a particularly dominant excitation in the first rotational order and the wobble additionally a slight tendency of an excitation increase in the second rotational order. Furthermore, it is demonstrated that a periodic pitch deviation enhances the excitation of the corresponding periodic rotational order. The characteristic rotational orders show a mainly load-independent excitation behavior both in the experimental and in the simulation based investigations. The transferability of the excitation effects in the first rotational order for the case of eccentricity and wobble at higher speeds concludes the chapter.

In chapters 7 and 8 the last two research questions are answered and the gained knowledge is applied to a vehicle gearbox. From quasi-static transmission error measurements to airborne sound measurements in the vehicle, the previously determined correlations can be validated and verified. A deeper understanding of the contact conditions as a result of the deviations is built up and, based on this, analytical correlations are derived which can be used to directly determine the contact distances or the transmission error. The correlations verified with the help of the tooth contact analysis ZAKO3D can finally be used to derive functional parameters for the excitation-oriented tolerancing of long-wave deviations.

The long-wave deviations addressed in this work can have various causes and result from the superposition of manufacturing and assembly deviations of the entire gearbox and the respective operating points. According to this, all the individual deviations of the respective components in the specified chain of action add up to the total deviation in the tooth contact. The absolute position tolerance of the shaft on which the gear is located depends, for example, on the manufacturing tolerances of the bearings as well as the bearing seats in the housing. Consequently, the tolerance chains and operating conditions lead to a cumulative deviation of the absolute position of the gear in the gearbox. The findings of this work can be used in the future for a detailed examination of the entire system, so that the method can be extended to the derivation of total tolerance chains.

In addition to the examination of geometric deviations, the effect of the noise behavior of the total system on the human hearing must be analyzed in greater depth. The vehicle measurements carried out in this thesis show some discrepancies between the physically measured objective quantities and the subjective perception of the noise. This discrepancy between measurement and perception results from the psychoacoustic effect of the noise, caused by physiological and psychological effects. Although there are established parameters that classify the characteristics of the noise psychoacoustically, there is a lack of methods for combining these parameters and evaluating the noise for the use case of gearboxes. Thus, at present, trained experts are always required in the end-of-line to approve the acoustic behavior of the gearbox. The development of a metric for the subjective evaluation of the gearbox noise can reduce the time-consuming measurement procedures based on objective measurements and minimize acoustic anomalies in the field. In the long term, the functional evaluation of deviations developed in this work has to be extended to the psychoacoustic effect. Accordingly, tolerances must be derived not only in dependence of the resulting physical effect, but also in dependence of the subjectively perceived effect.

10 Literaturverzeichnis

References

[ANAN18] Anandika, M.: An Experimental Investigation of the Impact of Random Spacing Errors on the Dynamic Transmission Error of Spur Gear Pairs. Undergraduate Thesis The Ohio State University, 2018

[BAET69] Baethge, J.: Drehwegfehler, Zahnfederhärte und Geräusch bei Stirnrädern. Einfluß von Zahnform und Zahnfehler bei Belastung nach Theorie und Versuch. Diss. TU München, 1969

[BAXM07] Baxmann, M.: Entwicklung einer Methode zur funktionsorientierten Auslegung und Tolerierung von Kegelradverzahnungen. Diss. RWTH Aachen University, 2007

[BERG18] Bergs, T.; Brecher, C.; Löpenhaus, C.: Grundlagenseminar. Zahnrad- und Getriebetechnik, Aachen, 2018

[BONO07] Bonori, G.; Pellicano, F.: Non-smooth dynamics of spur gears with manufacturing errors. In: Journal of Sound and Vibration, 306. Jg., 2007, Nr. 25 September, S. 271–283

[BREC15] Brecher, C.; Brumm, M.; Hellmann, M.: Topologisches Schleifen. Potenziale des topologischen Schleifens von Stirnradverzahnungen, Heft 1125, Frankfurt a. M., 2015

[BREC17] Brecher, C.; Löpenhaus, C.; Ahmad, M.: Getriebeakustik von Elektrofahrzeugen / Gearbox acoustic for electric vehicles - Investigation of the effects of wobble, concentricity and pitch error in high-speed-applications. In: wt online, 107. Jg., 2017, Nr. 05, S. 334–339

[BREC20a] Brecher, C.; Brimmers, J.; Ahmad, M.: Topologisches Schleifen bei Stirnradverzahnungen - Teil 1. In: antriebstechnik, 59. Jg., 2020, Nr. 5, S. 42–43

[BREC20b] Brecher, C.; Brimmers, J.; Ahmad, M.: Topologisches Schleifen bei Stirnradverzahnungen - Teil 2. In: antriebstechnik, 59. Jg., 2020, Nr. 6, S. 46–51

[BREC20c] Brecher, C.; Brimmers, J.; Ahmad, M.: Topologisches Schleifen bei Stirnradverzahnungen - Teil 3. In: antriebstechnik, 59. Jg., 2020, Nr. 7, S. 46–51

[BREC20d] Brecher, C.; Brimmers, J.; Ahmad, M.: Topologisches Schleifen bei Stirnradverzahnungen - Teil 4. In: antriebstechnik, 59. Jg., 2020, Nr. 8, S. 46–50

[BREC20e] Brecher, C.; Brimmers, J.; Ahmad, M.: Topologisches Schleifen bei Stirnradverzahnungen - Teil 5. In: antriebstechnik, 59. Jg., 2020, Nr. 9, S. 52–57

[BRIM20] Brimmers, J.: Funktionsorientierte Auslegung topologischer Zahnflankenmodifikationen für Beveloidverzahnungen. Diss. RWTH Aachen University, 2020

[BURN01] Burns, R.: Advanced control engineering. Oxford, Boston: Butterworth-Heinemann, 2001

[CAO02] Cao, J.: Anforderungs- und fertigungsgerechte Auslegung von Stirnradverzahnungen durch Zahnkontaktanalyse mit Hilfe der FEM. Diss. RWTH Aachen University, 2002

[CARL14] Carl, C.: Gehörbezogene Analyse und Synthese der vibroakustischen Geräuschanregung von Verzahnungen. Diss. RWTH Aachen University, 2014

[CERR11] Cerrato, G.; Goodes, P.: Practical Approaches to Solving Noise and Vibration Problems. In: Sound Vib. Mag., 45. Jg., 2011, Nr. 4, S. 18–22

[DALE87] Dale, A.: Gear Noise and the Sideband Phenomenon. In: Gear Technology, 4. Jg., 1987, Nr. Januar/Februar, S. 26–33

[DIN78a] Norm DIN 3962 Teil 3 (August 1978) Toleranzen für Stirnradverzahnungen. Toleranzen für Teilungs-Spannenabweichungen.

[DIN78b] Norm DIN 3962 Teil 2 (August 1978) Toleranzen für Stirnradverzahnungen. Toleranzen für Flankenlinienabweichungen.

[DIN78c] Norm DIN 3963 (August 1978) Toleranzen für Stirnradverzahnungen. Toleranzen für Wälzabweichungen.

[DIN78d] Norm DIN 3962 Teil 1 (August 1978) Toleranzen für Stirnradverzahnungen. Toleranzen für Abweichungen einzelner Bestimmungsgrößen.

[DIN78e] Norm DIN 3961 (August 1978) Toleranzen für Stirnradverzahnungen. Grundlagen.

[DIN80] Norm DIN 3960 (Beiblatt 1) (Juli 1980) Begriffe und Bestimmungsgrößen für Stirnräder (Zylinderräder) und Stirnradpaare (Zylinderradpaare) mit Evolventenverzahnung. Zusammenstellung der Gleichungen.

[DIN87] Norm DIN 3960 (März 1987) Begriffe und Bestimmungsgrößen für Stirnräder (Zylinderräder) und Stirnradpaare (Zylinderradpaare) mit Evolventenverzahnung.

[EHRE00] Ehren, H.-P.: Berechnung und Analyse der Tragfähigkeitsreserven geradverzahnter Innenverzahnungen durch die Zunahme der Überdeckung unter Last. Diss. RWTH Aachen University, 2000

[ENGL15] Engler, O.; Hofmann, M.; Mikus, R.; Hirrle, T.: Mercedes-Benz SLS AMG Coupé Electric Drive NVH development and sound design of an electric sports car. In: Bargende, M.; Reuss, H.-C.; Wiedemann, J. (Hrsg.): 15. Internationales Stuttgarter Symposium. Wiesbaden: Springer, 2015, S. 497–511

[FAST07] Fastl, H.; Zwicker, E.: Psychoacoutics. Facts and Models. 3. Aufl. Berlin: Springer, 2007

[FERN16] Fernández-del-Rincón, A.; Iglesias, M.; de-Juan, A.; Diez-Ibarbia, A.; García, P.; Viadero, F.: Gear transmission dynamics: Effects of index and run out errors. In: Applied Acoustics, 108. Jg., 2016, Nr. Juli, S. 63–83

[GERA19] Geradts, P.: NVH Optimization of Ground Bevel Gears. Diss. RWTH Aachen University, 2019

[GEVA06] Gevatter, H.-J.; Grünhaupt, U.: Handbuch der Mess- und Automatisierungstechnik in der Produktion. Berlin, Heidelberg: Springer Berlin Heidelberg, 2006

[GOCH03] Goch, G.: Gear Metrology. In: CIRP Ann. - Manuf. Technol., 52. Jg., 2003, Nr. 2, S. 659–695

[GRAV09] Gravel, G.: Bestimmung von Welligkeiten auf Zahnflanken. In: Tagungsband zum Kongress zur Getriebeproduktion. Würzburg, 11.-12. März 2009, 2009

[GRIG10] Griggel, T.: Einfluss von Korrekturen und Fertigungsabweichungen auf die Schwingungsanregung von Stirnrädern. Diss. TU München, 2010

[GUAN17] Guangjian, W.; Lin, C.; Li, Y.; Shuaidong, Z.: Research on the dynamic transmission error of a spur gear pair with eccentricities by finite element method. In: Mechanism and Machine Theory, 109. Jg., 2017, Nr. März

[HEID12] Heider, M.: Schwingungsverhalten von Zahnradgetrieben. Beurteilung und Optimierung des Schwingungsverhaltens von Stirnrad und Planetengetrieben. Diss. TU München, 2012

[HELL15] Hellmann, M.: Berücksichtigung von fertigungsabweichungen in der Auslegung von Zahnflankenmodifikationen für Stirnradverzahnungen. Diss. RWTH Aachen University, 2015

[HEMM07] Hemmelmann, J.: Simulation des lastfreien und belasteten Zahneingriffs zur Analyse der Drehübertragung von Zahnradgetrieben. Diss. RWTH Aachen University, 2007

[HERT82] Hertz, H.: Über die Berührung fester elastischer Körper. In: J. reine angew. Math., 1882, Nr. 92, S. 156–171

[HESS12] Hesse, J.: Verzahnungsanregung im Antriebsstrang. Diss. RWTH Aachen University, 2012

[HOHL02] Hohle, A.: Auswirkungen von Rauheit Oberflächenstruktur und Fertigungsabweichung auf das Lauf- und Geräuschverhalten hartfeinbearbeiteter hochüberdeckender Zylinderräder. Diss. RWTH Aachen University, 2002

[HOPP63] Hoppen, J.: Die Einflankenwälzprüfung von Zahnrädern und Getrieben mit seismischen Drehschwingungs-Aufnehmern. Diss. RWTH Aachen University, 1963

[INAL15] Inalpolat, M.; Handschuh, M.; Kahraman, A.: Influence of indexing errors on dynamic response of spur gear pairs. In: Mechanical Systems and Signal Processing, 60-61. Jg., 2015, Nr. August, S. 391–405

[ISO14] Norm DIN ISO 21771 (August 2014) Zylinderräder und Zylinderradpaare mit Evolventenverzahnung. Begriffe und Geometrie.

[ISO18] Norm DIN ISO 1328-1 (März 2018) Zylinderräder - ISO-Toleranzsystem - Teil 1: Definitionen und zulässige Werte für Abweichungen an Zahnflanken.

[ISO19] Norm ISO 6336 Teil 1 (September 2019) Calculation of load capacity of spur and helical gears. Basic principles, introduction and general influence factors.

[ISO21] Norm DIN ISO 1328-2 (September 2021) Stirnräder - ISO-Toleranzsystem - Teil 2: Definitionen und zulässige Werte für die Zweiflanken-Wälzabweichung.

[ISO96] Norm ISO TR 10064-2 (01 March 1996) Cylindrical gears - Code of inspection practice - Part 2: Inspection related to radial composite deviations, runout, tooth thick-ness and backlash.

[KLIN08] Klingelnberg, J.: Kegelräder. Grundlagen, Anwendungen. Berlin: Springer, 2008

[KLOC17] Klocke, F.; Brecher, C.: Zahnrad- und Getriebetechnik. Auslegung - Herstellung - Untersuchung - Simulation. 1. Aufl. München: Carl Hanser, 2017

[KOHL85] Kohler, H.; Regan, R.: The derivation of gear transmission error from pitch error records. In: Journal of Mechanical Engineering Science, 199. Jg., 1985, S. 195–201

[KOHN19] Kohn, B.: Topologische Flankenkorrektur zur Anregungsoptimierung von Stirnradgetrieben. Entwicklung und Überprüfung von Auslegungsmethoden zur Ableitung anregungsoptimierter Flankenkorrekturen von Stirnradgetrieben unter Berücksichtigung der Fertigbarkeit und Flankentragfähigkeit. Diss. TU München, 2019

[KURO07] Kurokawa, S.; Ariura, Y.; Nakanishi, T.: Transmission Error Analysis of Involute Cylindrical Gears with Consideration of Gear Eccentricity. Derivation of Strict Analytical Solutions of Transmission Errors with Radial Eccentricity. In: Transactions of the Japan Society of Mechanical Engineers, 73. Jg., 2007, Nr. 8, S. 2367–2374

[LAND03] Landvogt, A.: Einfluss der Hartfeinbearbeitung und der Flankentopographieauslegung auf das Lauf- und Geräuschverhalten von Hypoidverzahnungen mit bogenförmiger Flankenlinie. Diss. RWTH Aachen University, 2003

[LANZ70] Lanzerath, G.: Untersuchungen das Geräusch- und Schwingungsverhalten schnellaufender Stirnradgetriebe. Diss. RWTH Aachen University, 1970

[LINK96] Linke, H.: Stirnradverzahnungen. Berechnung - Werkstoffe - Fertigung. 1. Aufl. München: Carl Hanser, 1996

[MARQ95] Marquardt, R.: Einflankenwälzprüfung. Ein Weg zur Lösung von Geräuschproblemen bei Fahrzeuggetrieben. In: wt Produktion und Management, 85. Jg., 1995, Nr. 3, S. 97–103

[MILL11] Milliren, M.: An Experimental Investigation into the Influence of various Errors on the Transmission Error and Root Stresses of Spur Gears. Graduate Thesis The Ohio State University, 2011

[MOHA09] Mohamad, E.; Komori, M.; Murakami, H.; Kubo, A.; Fang, S.: Analysis of General Characteristics of Transmission Error of Gears With Convex Modification of Tooth Flank Form Considering Elastic Deformation Under Load. In: J. Mech. Des., 131. Jg., 2009, Nr. 6, S. 119

[MÖLL82] Möllers, W.: Parametererregte Schwingungen in einstufigen Zylinderradgetrieben. Einfluß von Verzahnungsabweichungen und Verzahnungssteifigkeitsspektren. Diss. RWTH Aachen University, 1982

[MORI17] Moritz, K.: Luftschall- und körperschallbasierte psychoakustische Analyse von Getriebegeräuschen. Diss. Technische Universität Darmstadt, 2017

[MÜLL91] Müller, R.: Schwingungs- und Geräuschanregung bei Stirnradgetrieben. Diss. TU München, 1991

[NEUP83] Neupert, B.: Berechnung der Zahnkräfte Pressungen und Spannungen von Stirn- und Kegelradgetrieben. Diss. RWTH Aachen University, 1983

[NIEM03] Niemann, G.; Winter, H.: Maschinenelemente. Band 2: Getriebe allgemein, Zahnradgetriebe - Grundlagen, Stirnradgetriebe. Bd. Nr. 2, 2. Aufl. Berlin: Springer, 2003

[NISH81] Nishida, N.; Maruki, Y.: The Characteristic of Noise Spectrum of Gears with Eccentric Errors. In: Transactions of the Japan Society of Precision Engineering, 47. Jg., 1981, Nr. 4, S. 471–476

[PEAR95] Pearson, K.: VII. Note on regression and inheritance in the case of two parents. In: Proceedings of the Royal Society of London, 58. Jg., 1895, Nr. 347-352, S. 240–242

[PIEL20] Piel, D.: Methode zur Beschreibung und Optimierung des Anregungsverhaltens von Planetengetrieben. Diss. RWTH Aachen University, 2020

[PLAC88] Placzek, T.: Lastverteilung und Flankenkorrektur in gerad- und schrägverzahnten Stirnradstufen. Diss. TU München, 1988

[PLEW92] Plewnia, C.: Drehübertragungs- und Geräuschverhalten bogenverzahnter Kegelradgetriebe. Diss. RWTH Aachen University, 1992

[PUCH12] Pucher, H.; Zinner, K.: Aufladung von Verbrennungsmotoren. Grundlagen, Berechnungen, Ausführungen. 4. Auflage. Aufl. Berlin, Heidelberg: Springer Vieweg, 2012

[RADE07] Radev, S.: Einfluss von Flankenkorrekturen auf das Anregungsverhalten gerad- und schrägverzahnter Stirnradpaarungen. Diss. TU München, 2007

[SALJ87] Saljé, H.: Optimierung des Laufverhaltens Evolventischer Zylinderrad-Leistungsgetriebe. Einfluß der Verzahnungsgeometrie auf Geräuschemission und Tragfähigkeit. Diss. RWTH Aachen University, 1987

[SCHÄ08] Schäfer, J.: Erweiterung des Linienkontaktmodells für die Finite-Elemente-basierte Zahnkontaktanalyse von Stirnradverzahnungen. Diss. RWTH Aachen University, 2008

[SCHA09] Schad, N.; Knödel, U.; Knoblauch, D.; Kreim, A.; Klostermann, S.: Kompakte Antriebseinheit für Elektrostadtfahrzeuge - Aufbau, Wirkungsgrad, Akustik, Schaltstrategie. In: Tagungsband zur Antriebstechnisches Kolloquium 2009. Aachen, 05./06.05 2009, 2009

[SCHL10] Schlecht, B.: Maschinenelemente 2. Getriebe - Verzahnungen - Lager. München: Pearson Studium, 2010

[SCHM73] Schmidt, G.: Berechnung der Wälzpressung schrägverzahnter Stirnräder unter Berücksichtigung der Lastverteilung. Diss. TU München, 1973

[SCHU15] Schumann, S.: Möglichkeiten und Grenzen asymmetrischer Kegelradverzahnungen. Diss. TU Dresden, 2015

[TESC69] Tesch, F.: Der fehlerhafte Zahneingriff und seine Auswirkungen auf die Geräuschabstrahlung. Diss. RWTH Aachen University, 1969

[THOM02] Thoma, G.; Herbig, M.; McLean, I.; Biermann, J.-W.; Brandl, F.; Leiter, K.: Forum der Meinungen. In: ATZ Automob. Zeitschrift, 104. Jg., 2002, Nr. 11, S. 1004–1006

[TOPP66] Toppe, A.: Untersuchungen über die Geräuschanregung bei Stirnrädern unter besonderer Berücksichtigung der Fertigungsgenauigkeit. Diss. RWTH Aachen University, 1966

[UMEY98] Umeyama, M.; Kato, M.; Inoue, K.: Effects of Gear Dimensions and Tooth Surface Modifications on the Loaded Transmission Error of a Helical Gear Pair. In: J. Mech. Des., 120. Jg., 1998, Nr. 1, S. 119–125

[VDI00] VDI/VDE 2607 (Februar 2000) Rechnerunterstützte Auswertung von Profil- und Flankenlinienmessungen an Zylinderrädern mit Evolventenprofil.

[VDI01] VDI/VDE 2608 (März 2001) Einflanken- und Zweiflanken-Wälzprüfung an Zylinderrädern, Kegelrädern. Schnecken und Schneckenrädern.

[WEBE55] Weber, C.; Banaschek, K.: Formänderung und Profilrücknahme bei gerad- und schrägverzahnten Rädern. 2. Aufl. Braunschweig: Vieweg, 1955

[WECK01] Weck, M.; Hurasky-Schönwerth, O.; Hemmelmann, J.: Einfluß von Rundlauf- und Teilungsabweichungen auf das Geräuschverhalten. In: Tagungsband zur 42. Arbeitstagung "Zahnrad- und Getriebeuntersuchungen". Aachen, 16./17.05.2001. Eigendruck des WZL-Getriebekreises, 2001

[WECK89] Weck, M., Mauer, G., Wittke, W.: Der Eintrittsstoß an Stirnradgetrieben. In: Ind. Anz., 1989, Nr. 95, S. 40–43

[WECK92] Weck, M.: Moderne Leistungsgetriebe. Verzahnungsauslegung und Betriebsverhalten. Berlin: Springer, 1992

[WIKI98] Wikidal, F.: Berechnung der Flankenpressung gerad- und schrägverzahnter Stirnräder unter Berücksichtigung last- und fertigungsbedingter Abweichungen. Diss. TU München, 1998

[WITT94] Wittke, W.: Beanspruchungsgerechte und geräuschoptimierte Stirnradgetriebe Toleranzvorgaben und Flankenkorrekturen. Diss. RWTH Aachen University, 1994

[WU16] Wu, Y.-R.; Tran, V.-T.: Transmission and load analysis for a crowned helical gear pair with twist-free tooth flanks generated by an external gear honing machine. In: Mech. Mach. Theo., 98. Jg., 2016, S. 36–47

[WUER15] Würfel, R.; Geiser, H.: Neue Möglichkeiten bei der Wahl der Makro- und Mikrogeometrie von wälzgeschliffenen Verzahnungen. In: GET PRO-Kongress, 2015

[YUAN18] Yuan, B.; Chang, S.; Liu, G.; Wu, L.-Y.: Quasi-Static and Dynamic Behaviors of Helical Gear System with Manufacturing Errors. In: Chinese Journal of Mechanical Engineering, 30-31. Jg., 2018

[ZIEG71] Ziegler, H.: Verzahnungssteifigkeit und Lastverteilung schrägverzahnter Stirnräder. Diss. RWTH Aachen University, 1971

[ZIEN71] Zienkiewicz, O.: The finite element method in engineering science. London, New York: McGraw-Hill, 1971

11 Anhang

Appendix

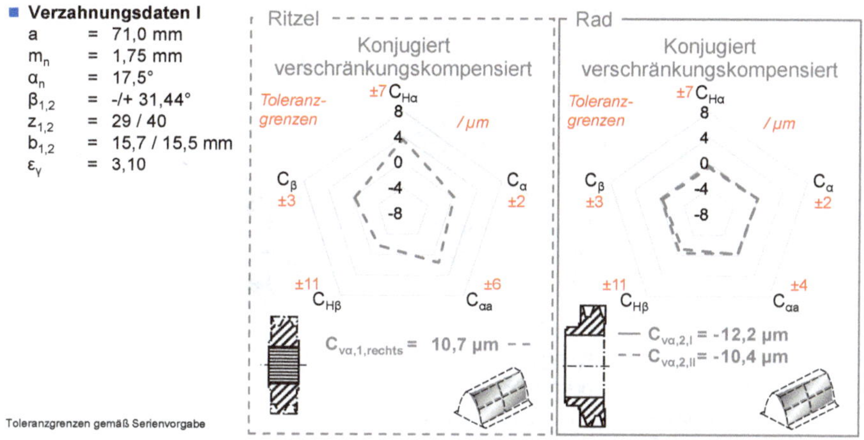

Bild 11-1: Verzahnungsmessung – Abweichung zur Sollmodifikation: Konjugiert verschränkungskompensiert

Gear Measurement – Deviation to Target Modification: Twist-Compensated

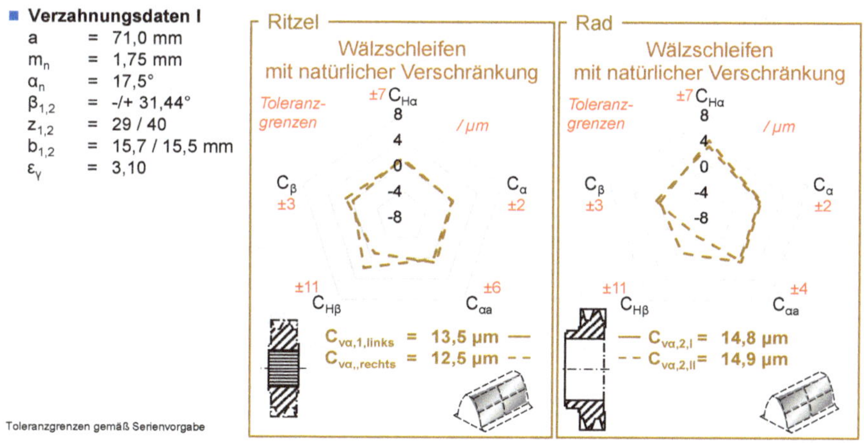

Bild 11-2: Verzahnungsmessung – Abweichung zur Sollmodifikation: Wälzschleifen mit natürlicher Verschränkung

Gear Measurement – Deviation to Target Modification: Generating Grinding with Natural Flank Twist

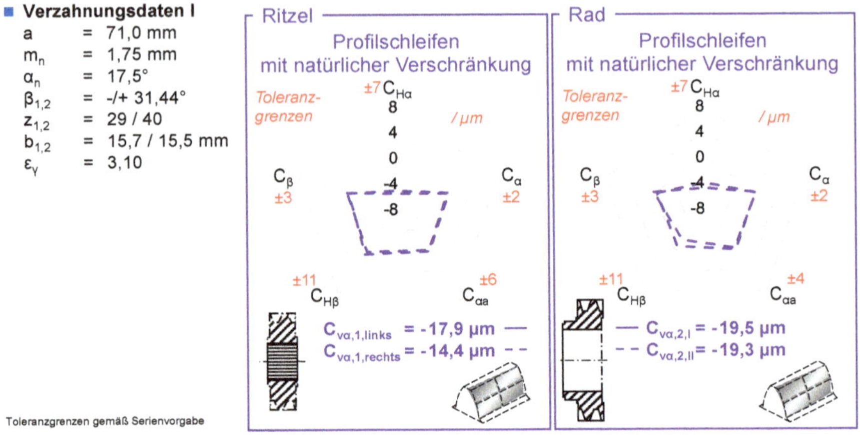

Bild 11-3: Verzahnungsmessung – Abweichung zur Sollmodifikation: Profilschleifen mit natürlicher Verschränkung

Gear Measurement – Deviation to Target Modification: Profile Grinding with Natural Flank Twist

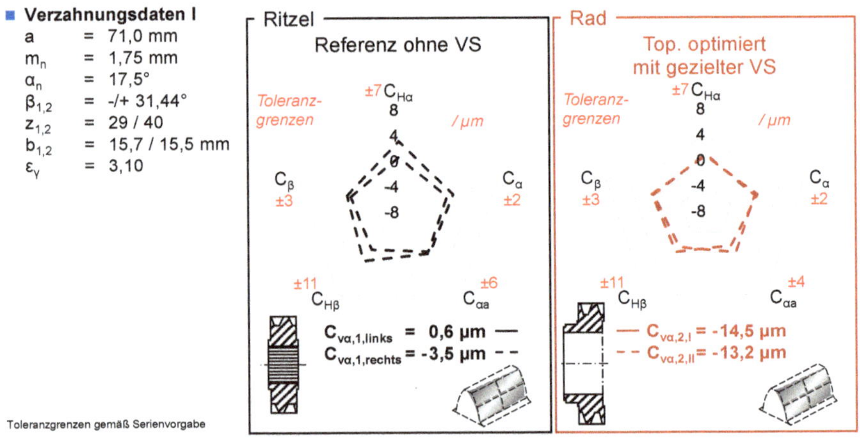

Bild 11-4: Verzahnungsmessung – Abweichung zur Sollmodifikation: Top. optimiert mit gezielter Verschränkung

Gear Measurement – Deviation to Target Modification: Top. Optimized with a Targeted Flank Twist

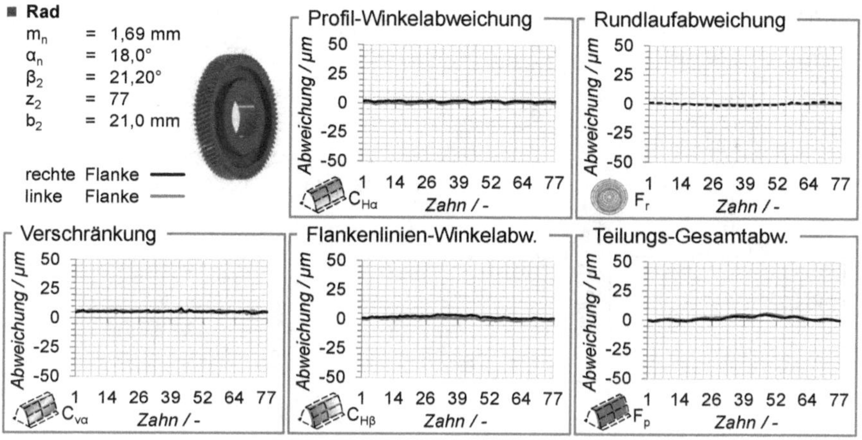

Bild 11-5: Verzahnungsmessung – Abweichung zur Sollmodifikation: Rad

Gear Measurement – Deviation to Target Modification: Gear

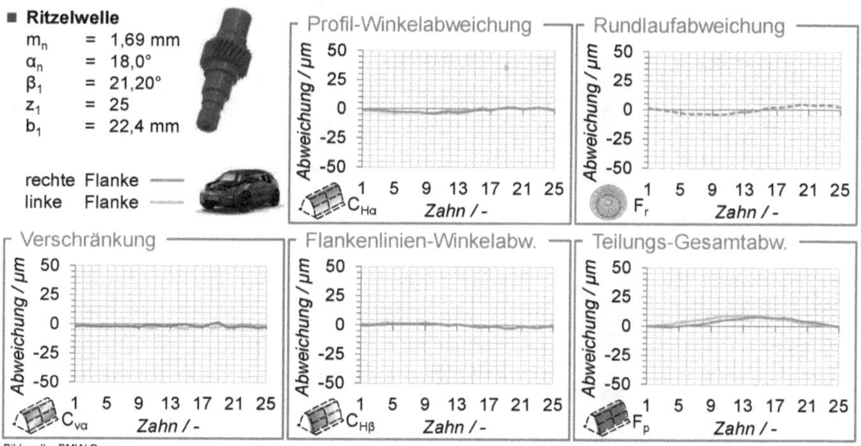

Bildquelle: BMW Group

Bild 11-6: Verzahnungsmessung – Abweichung zur Sollmodifikation: Serie BMW

Gear Measurement – Deviation to Target Modification: Series BMW

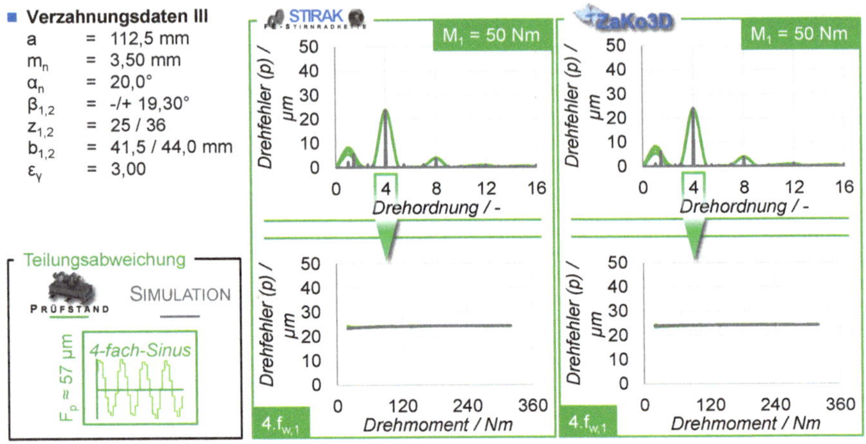

Bild 11-7: Drehfehler infolge einer periodischen Teilungsabweichung – Validierung ZAKO3D

Transmission Error due to a Periodic Pitch Deviation – Validation of ZAKO3D

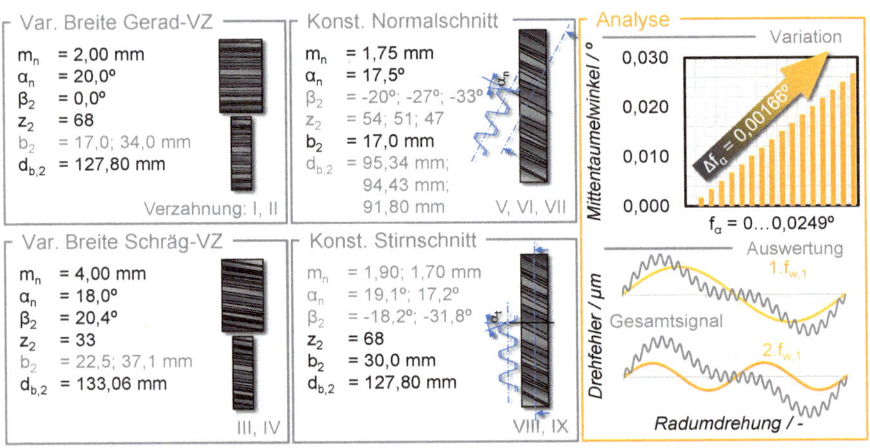

Bild 11-8: Raddaten und Vorgehensweise zur Untersuchung des Drehfehlerverhaltens infolge eines Taumels

Gear Data and Approach for the Investigation of the Transmission Error Behavior as a Result of a Wobble

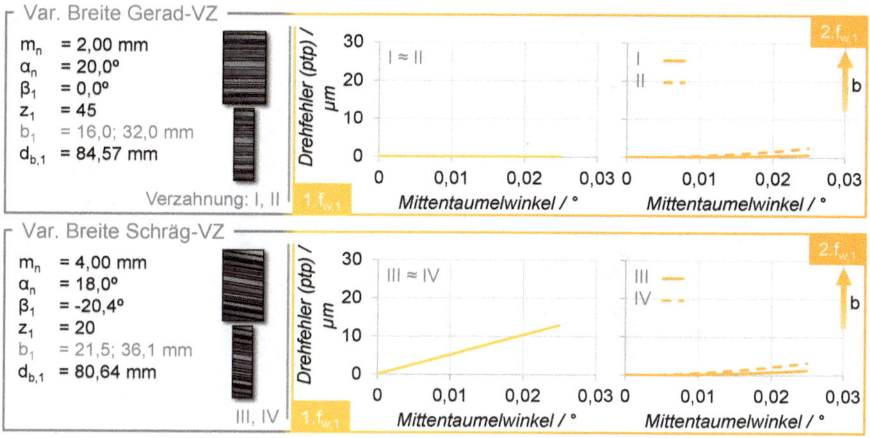

Bild 11-9: Simulierter Drehfehler der 1. und 2. Drehordnung in Abhängigkeit der Makrogeometrie I bei $C_\alpha = C_\beta = 5$ µm

Simulated Transmission Error of the 1st and 2nd Rotation Order as a Function of the Macro Geometry I for $C_\alpha = C_\beta = 5$ µm

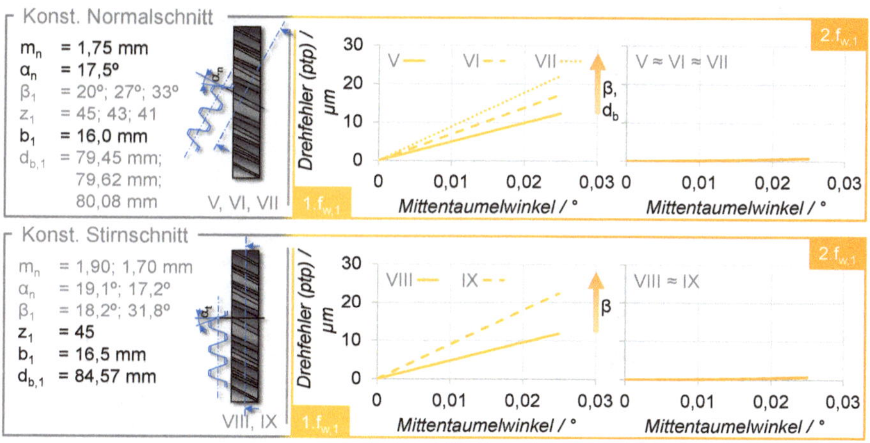

Bild 11-10: Simulierter Drehfehler der 1. und 2. Drehordnung in Abhängigkeit der Makrogeometrie II bei $C_\alpha = C_\beta = 5$ µm

Simulated Transmission Error of the 1st and 2nd Rotation Order as a Function of the Macro Geometry II for $C_\alpha = C_\beta = 5$ µm

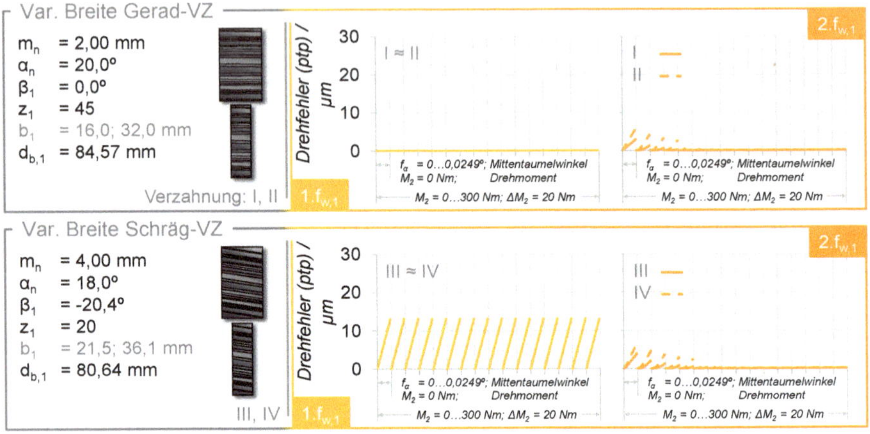

Bild 11-11: Simulierter Drehfehler der 1. und 2. Drehordnung in Abhängigkeit der Makrogeometrie I unter Last

Simulated Transmission Error of the 1st and 2nd Rotation Order as a Function of the Macro Geometry I under Load

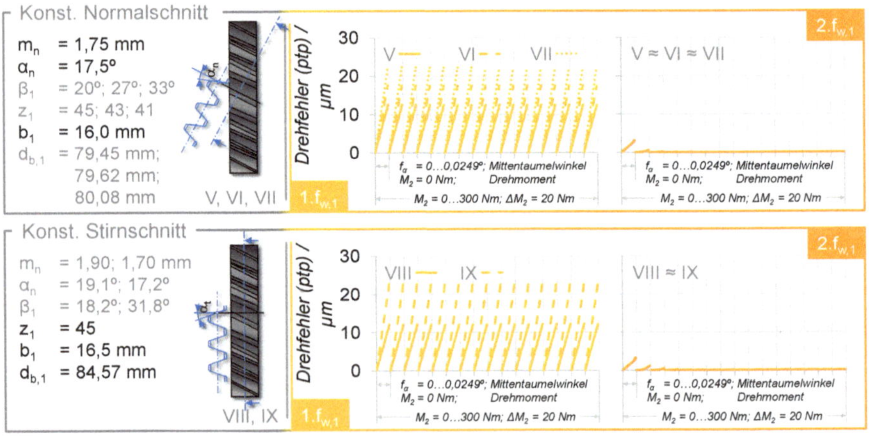

Bild 11-12: Simulierter Drehfehler der 1. und 2. Drehordnung in Abhängigkeit der Makrogeometrie II unter Last

Simulated Transmission Error of the 1st and 2nd Rotation Order as a Function of the Macro Geometry II under Load

Lebenslauf

Curriculum Vitae

Persönliche Daten

Name:	Mubarik Ahmad
Geburtsdatum:	17.12.1988
Geburtsort:	Bochum
Nationalität:	Deutsch

Ausbildung

05/15 - 03/22	Wissenschaftlicher Angestellter Werkzeugmaschinenlabor (WZL) der RWTH Aachen Abteilung Getriebetechnik, Gruppe Getriebeakustik
10/13 - 04/15	M.Sc. Allgemeiner Maschinenbau, RWTH Aachen University Schwerpunkte: Schwingungstechnik, Medizintechnik
10/09 - 09/13	B.Sc. Maschinenbau, RWTH Aachen University Vertiefung: Konstruktionstechnik
09/05 - 06/08	Städtisches Gymnasium: Lessing-Schule in Bochum

Studienbegleitende Tätigkeiten

12/14 - 04/15	Studentische Hilfskraft Werkzeugmaschinenlabor (WZL) der RWTH Aachen Abteilung Getriebetechnik, Gruppe Getriebeuntersuchung
04/13 - 08/13	Praktikum Bosch Rexroth, Witten Abteilung Technische Funktionen – Vorrichtungskonstruktion und Verfahrensentwicklung
01/12 - 01/13	Studentische Hilfskraft Werkzeugmaschinenlabor (WZL) der RWTH Aachen Abteilung Schleifen, Umformen und Technologieplanung
09/11 - 09/11	Fachpraktikum notionCUBE Software GmbH, Bochum Abteilung Arbeitsvorbereitung und Produktentwicklung
07/09 - 08/09	Grundpraktikum ThyssenKrupp Steel AG und ThyssenKrupp Nirosta, Bochum
04/09 - 06/09	Fachpraktikum Siemens Mobility, Bangkok, Thailand Abteilung Fault Reporting Center / Maintenance Center und Rolling Stock / Depot Workshop

In der Reihe **Ergebnisse aus der Produktionstechnik** zuletzt erschienen:

Ahmad, Mubarik:
Anregungsgerechte Auslegung und Tolerierung schnelllaufender Getriebe unter Berücksichtigung kurz- und langwelliger Verzahnungsabweichungen
ISBN: 978-3-98555-130-9
Erscheinungsdatum: 06.03.2023

Motschke, Tobias:
Analyse und Modellierung der Dämpfungseigenschaften von Spindellagern
ISBN: 978-3-98555-148-4
Erscheinungsdatum: 06.03.2023

Priwisch, Martin:
Kontaktfreie Bahnlaufregelung zur Herstellung funktionaler Mehrlagensysteme in einem kontinuierlichen Laminierprozess
ISBN: 978-3-98555-139-2
Erscheinungsdatum: 27.02.2023

Frye, Maik:
Recommending Data Preprocessing Pipelines for Machine Learning Applications in Production
ISBN: 978-3-98555-147-7
Erscheinungsdatum: 15.02.2023

Cremer, Sven:
Controlling der Migration in Produktionsnetzwerken
ISBN: 978-3-98555-145-3
Erscheinungsdatum: 09.02.2023

Schmidhuber, Matthias:
Sozio-technische Problemlösungsfähigkeit von PPS-Systemen
ISBN: 978-3-98555- 143-9
Erscheinungsdatum: 07.02.2023

Ohlert, Marius:
Contact between Abrasive Media and Workpiece in Robot-guided Centrifugal Finishing
ISBN: 978-3-98555- 144-6
Erscheinungsdatum: 07.02.2023

Schwarberg, Thomas:
Bestimmung der Logik von Innovationsideen für technische Systeme
ISBN: 978-3-98555- 142-2
Erscheinungsdatum: 07.02.2023

Graberg, Tim:
Operationalisierung von digitalen Schatten im Werkzeugbau
ISBN: 978-3-98555-141-5
Erscheinungsdatum: 06.02.2023

Nienheysen, Philipp:
Werkstattgerechte Schadensanalyse in CFK-Strukturbauteilen mit optisch georteter Ultraschallmesstechnik
ISBN: 978-3-98555-136-1
Erscheinungsdatum: 30.01.2023

Edition Wissenschaft
Apprimus

Müller, Tobias:
Modellbildung mittels Symbolischer Regression zur Messunsicherheitsbestimmung komplexer Messprozesse
ISBN: 978-3-98555-146-0
Erscheinungsdatum: 30.01.2023

Kreß, Julian Maximilian:
Erbringung hybrider Leistungsangebote in Wertschöpfungsnetzwerken
ISBN: 978-3-98555-128-6
Erscheinungsdatum: 24.01.2023

Vierschillung, Sebastian Patrick:
Automatisierung der Standortauswahl in der Fabrikplanung
ISBN: 978-3-98555-134-7
Erscheinungsdatum: 09.01.2023

Wenning, Marius:
Kontextabhängige Anomaliedetektion zur visuellen Hinderniserkennung für automatisierte PKW im End-of-Line-Bereich
ISBN: 978-3-98555-121-7
Erscheinungsdatum: 19.12.2022

Kukla, Christian:
Prozesstemperaturregelung in der laserunterstützten Verarbeitung von faserverstärkten thermoplastischen Verbundkunststoffen
ISBN: 978-3-98555-116-3
Erscheinungsdatum: 19.10.2022

Behrens, Jan:
Selbstkalibrierung von 5-Achs-Bearbeitungszentren mit Dreh-/Schwenktisch
ISBN: 978-3-98555-124-8
Erscheinungsdatum: 24.01.2023

Bickendorf, Philipp:
Tribologische und geometrische Auslegung von additiv hergestellten Werkzeug-einsätzen zur Feinblechumformung
ISBN: 978-3-98555-133-0
Erscheinungsdatum: 24.01.2023

Helbig, Jens:
Typisierung und Auswahl von Referenzstrategien für den Werkzeugeinkauf
ISBN: 978-3-98555-122-4
Erscheinungsdatum: 19.12.2022

Schlegel, Peter:
Bewertung und Optimierung der Vollständigkeit von Betriebsdaten im Kontext der Fehlerprädiktion
ISBN: 978-3-98555-120-0
Erscheinungsdatum: 18.11.2022

Kiesel, Raphael:
Techno-Economic Evaluation of 5G Technology for Latency-Critical Applications in Production
ISBN: 978-3-98555-115-6
Erscheinungsdatum: 19.10.2022

Edition Wissenschaft
Apprimus

FSC
www.fsc.org
MIX
Papier | Fördert gute Waldnutzung
FSC® C083411

Zeitfracht Medien GmbH
Ferdinand-Jühlke-Straße 7
99095 Erfurt, Deutschland
produktsicherheit@kolibri360.de